Das LEGO®-Technic Ideenbuch

Clevere Konstruktionen ohne Elektronik

YOSHIHITO ISOGAWA

dpunkt.verlag

Yoshihito Isogawa

Lektorat & Übersetzung: Gabriel Neumann
Lektoratsassistenz: Anja Weimer
Copy-Editing: Thomas Rennich
Satz: Veronika Schnabel
Herstellung: Stefanie Weidner
Umschlaggestaltung: Helmut Kraus, *www.exclam.de,* nach Vorlage von No Starch Press Inc.
Druck und Bindung: mediaprint solutions GmbH, 33100 Paderborn

Bibliografische Information der Deutschen Nationalbibliothek
Die Deutsche Nationalbibliothek verzeichnet diese Publikation in der Deutschen Nationalbibliografie; detaillierte bibliografische Daten sind im Internet über *http://dnb.d-nb.de* abrufbar.

ISBN:
Print 978-3-86490-899-6
PDF 978-3-96910-673-0
ePub 978-3-96910-674-7
mobi 978-3-96910-675-4

1. Auflage 2022

Wieblinger Weg 17
69123 Heidelberg
E-Mail: *hallo@dpunkt.de*

Hinweis:
Dieses Buch wurde mit mineralölfreien Farben auf PEFC-zertifiziertem Papier aus nachhaltiger Waldwirtschaft gedruckt. Der Umwelt zuliebe verzichten wir zusätzlich auf die Einschweißfolie. Hergestellt in Deutschland.

PEFC-zertifiziert
Dieses Buch stammt aus nachhaltig bewirtschafteten Wäldern und kontrollierten Quellen
PEFC/04-31-0810
www.pefc.de

Schreiben Sie uns:
Falls Sie Anregungen, Wünsche und Kommentare haben, lassen Sie es uns wissen: *hallo@dpunkt.de.*

5 4 3 2 1

Inhalt

Teil 1 • Praktische Mechanismen

Teil 2 • Messgeräte

Teil 3 • Bonusmechanismen

Einleitung

Dieses Ideenbuch präsentiert dir über 100 Modelle, die du mit LEGO-Technic-Teilen bauen kannst. Das Buch legt seinen Schwerpunkt auf Modelle, die ohne elektrisch betriebene Teile wie Motoren gebaut und verwendet werden können. Mit diesen lustigen nicht-elektrischen Projekten lernst du spielerisch die Grundlagen des Maschinenbaus kennen.

Wie man dieses Buch benutzt

Das Buch enthält keine Schritt-für-Schritt-Anleitungen. Farbenfrohe Fotos, die in verschiedenen Blickrichtungen aufgenommen sind, sowie eine Auflistung der Teile, die für das Modell benötigt werden, ermöglichen den Nachbau ohne buchdicke Anleitungen. Betrachte die Fotos genau und versuche, die Modelle nachzubauen. So zu bauen ist wie ein Puzzlespiel.

Es ist nicht nötig, die Modelle in der Reihenfolge, in der sie im Buch vorgestellt werden, nachzubauen. Blättere durch die Seiten und baue die Modelle, die du am interessantesten findest. Es empfiehlt sich jedoch, mit relativ einfachen Modellen zu beginnen, bis du dich an die Methode gewöhnt hast.

Achte beim Bau der Modelle auf ihre Beweglichkeit und versuche herauszufinden, warum sie so funktionieren, wie sie funktionieren. Auf diese Weise wirst du deine Konstruktionsfähigkeiten weiterentwickeln. Im nächsten Schritt kannst du die Ideen in diesem Buch für deine eigenen Projekte nutzen. Wenn du Inspirationen brauchst, kannst du dich an den Hinweisen orientieren, die bei vielen der Modelle zu finden sind. Du kannst auch Ideen aus verschiedenen Projekten kombinieren. Überarbeite, verbessere und verschönere die Modelle – deiner Kreativität sind keine Grenzen gesetzt!

LEGO-Teile

Am Ende des Buches findest du eine Liste aller Teile, die du brauchst, um die Modelle zu bauen. Die meisten Teile sind gängig und leicht zu beschaffen. Wenn dir jedoch ein paar Teile fehlen, überlege dir, wie du sie gegen solche austauschen kannst, die du bereits besitzt.

Die Abbildungen in diesem Buch zeigen Teile in Farben, die es dir leichter machen, die Formen der einzelnen Bausteine zu erkennen. Du musst aber nicht die Farben verwenden, die ich ausgesucht habe; du kannst jede beliebige Farbe wählen, um die Entwürfe nach deinem Geschmack zu gestalten.

Die Bauprojekte in diesem Buch wurden speziell für den Bau mit LEGO-Steinen und LEGO-Technic-Teilen der LEGO Gruppe entwickelt. Ich kann nicht garantieren, dass die Projekte funktionieren, wenn sie mit Nicht-LEGO-Produkten gebaut werden, bei denen es Probleme mit der Genauigkeit oder Haltbarkeit geben kann.

Danksagungen

Zur Erstellung der Illustrationen in diesem Buch wurden LDraw-Daten und die LPub-Anwendung verwendet. Ich möchte mich bei denjenigen bedanken, die an der Entwicklung dieser Programme beteiligt waren.

Weitere Lektüre

Du möchtest Mechanismen oder Modelle kennen lernen, die auch mit Elektromotoren arbeiten?

Von Yoshihito Isogawa sind erschienen:

The LEGO® Power Functions Idea Book, Vol. 1 & 2
(beide bei No Starch Press, 2015, in englischer Sprache).

Im dpunkt.verlag stehen diese Titel zur Wahl:

Christoph Ruge, Hilke & Henry Krasemann, Michael Friedrichs:
Eigene LEGO®-Modelle programmieren.
Mit Bauanleitungen für neue Modelle.
Für Powered Up, BOOST und Control+, dpunkt.verlag 2021.

Pawel »Sariel« Kmiec: Das »inoffizielle« LEGO®-Technic-Buch:
Kreative Bautechniken für realistische Modelle.
2., erweiterte und aktualisierte Auflage, dpunkt.verlag 2017.

Warmlaufen

In diesem Buch findest du keine Schritt-für-Schritt-Bauanleitungen. Stattdessen verwendest du für den Nachbau des gezeigten Modells Fotos, die aus verschiedenen Blickwinkeln aufgenommen wurden. Du wirst bald den Dreh raus haben und Spaß daran finden! Lass uns anfangen und ein bisschen üben.

1

Dies ist die Modellnummer

Alle Teile, die du für dieses Modell benötigst, sind in der Auswahl unten dargestellt. Finde sie unter den Teilen, die du besitzt, und fang an zu bauen!

Wenn du die Teile zusammengesucht hast, versuche das Modell anhand der Fotos auf dieser und der nächsten Seite nachzubauen.

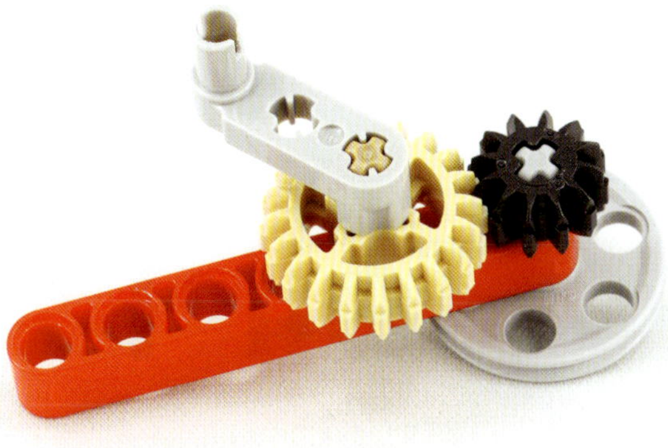

Dies ist das »Hinweis«-Symbol, das Bauvarianten und eine andere Programmierung anzeigt. Versuche mit diesen Tipps deine eigenen einzigartigen und lustigen Modelle zu bauen. Bitte beachte, dass Teile, die in den Hinweisen verwendet werden, nicht in den Teilelisten der Projekte am Ende des Buches enthalten sind.

Teil 1

Praktische Mechanismen

Türen

\# 1

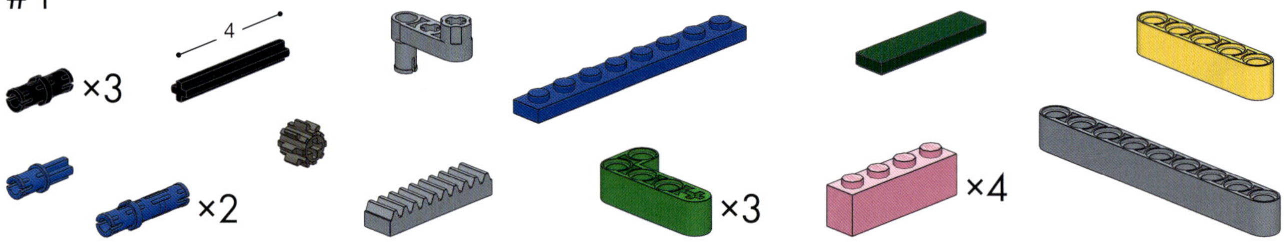

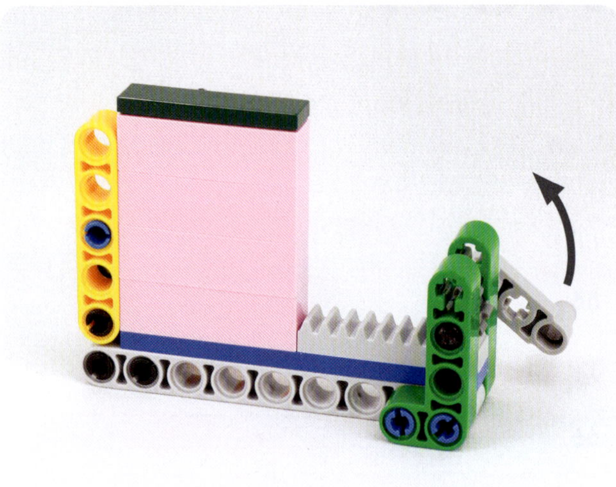

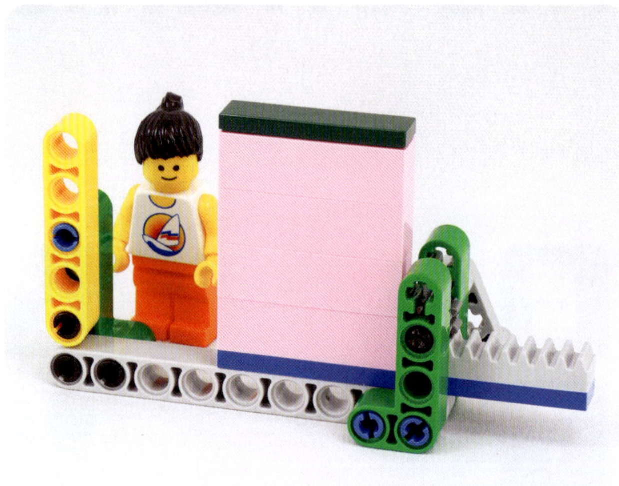

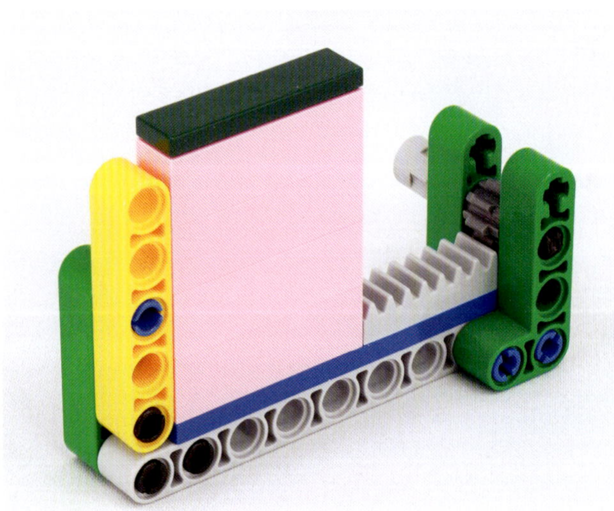

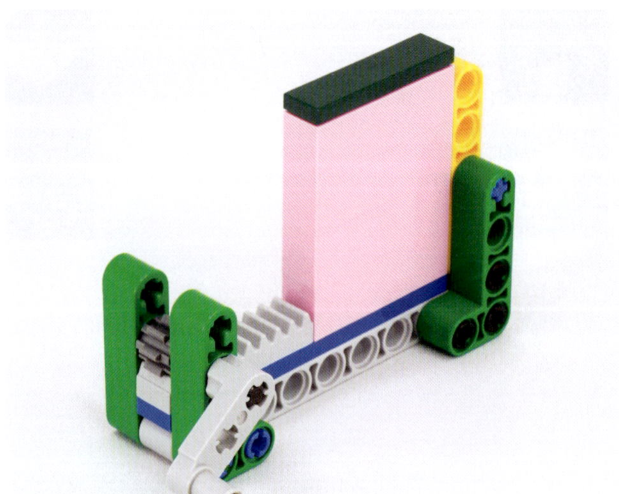

2

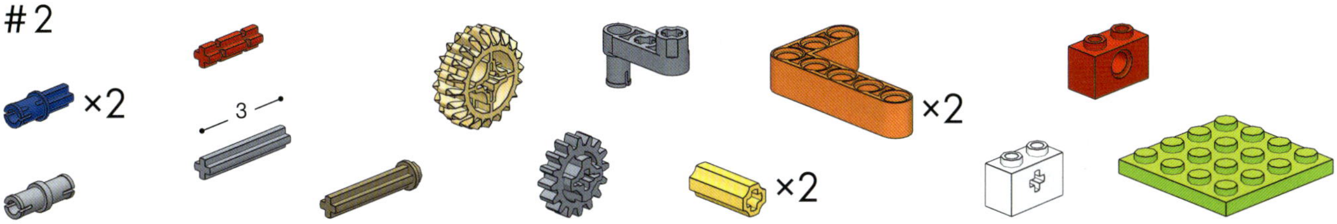

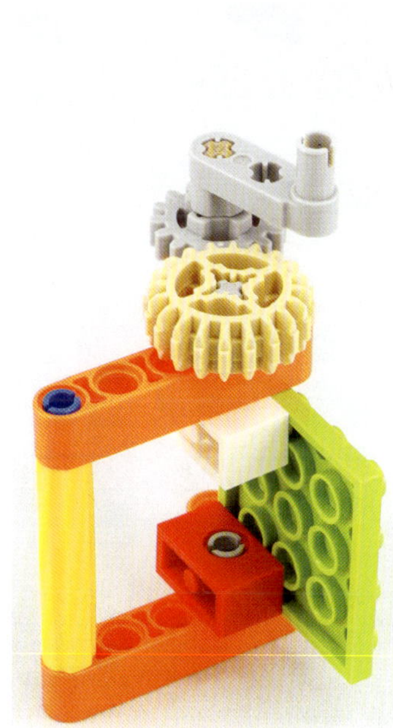

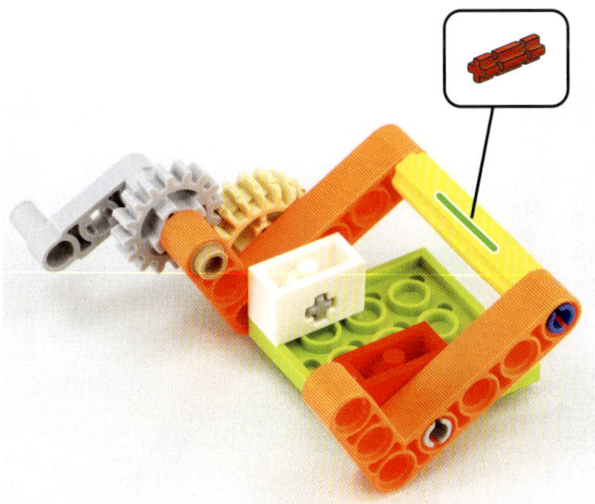

#3

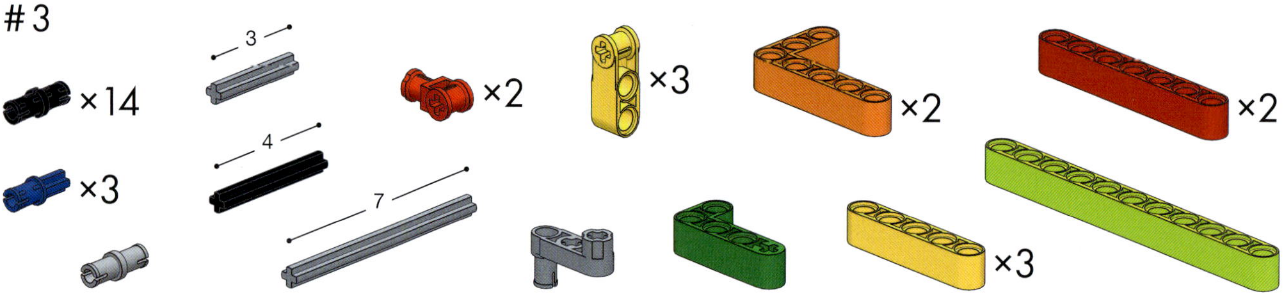

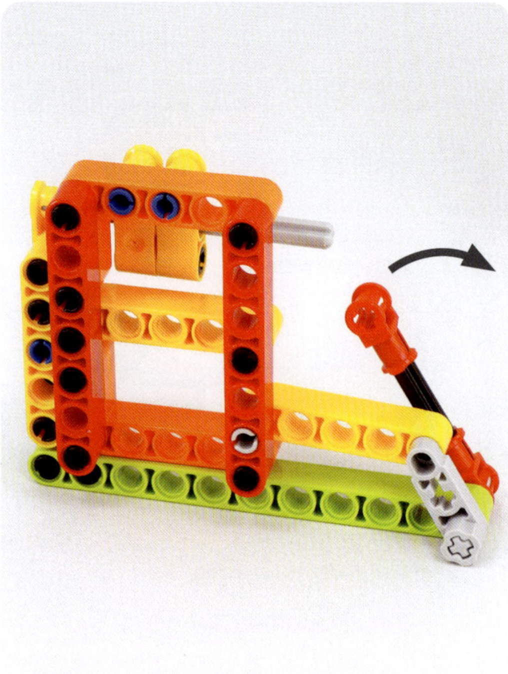

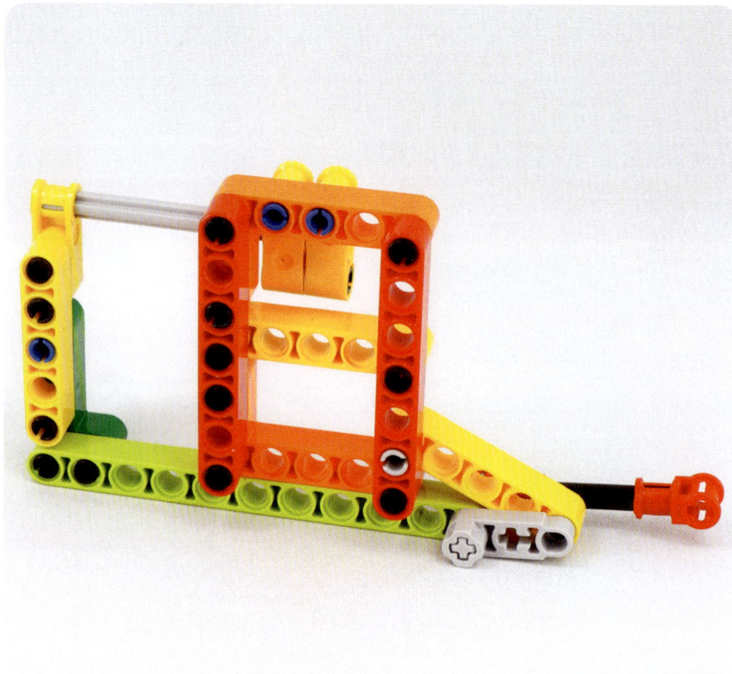

#4

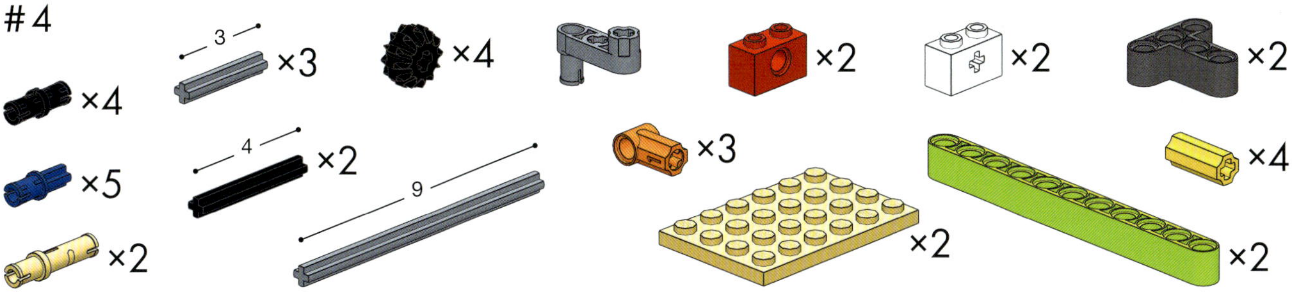

5

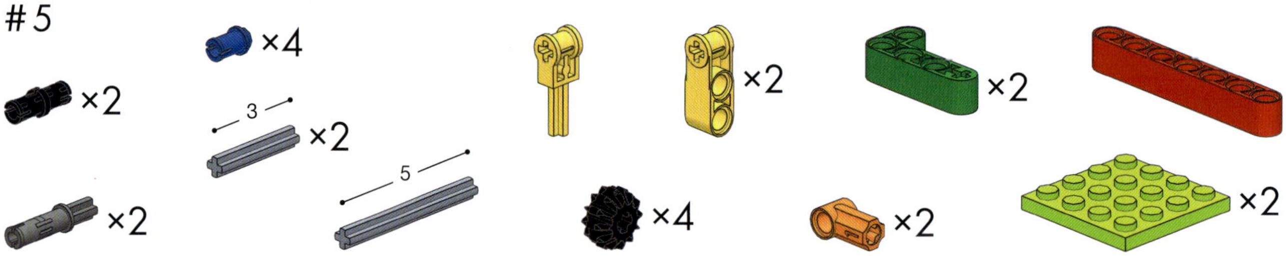

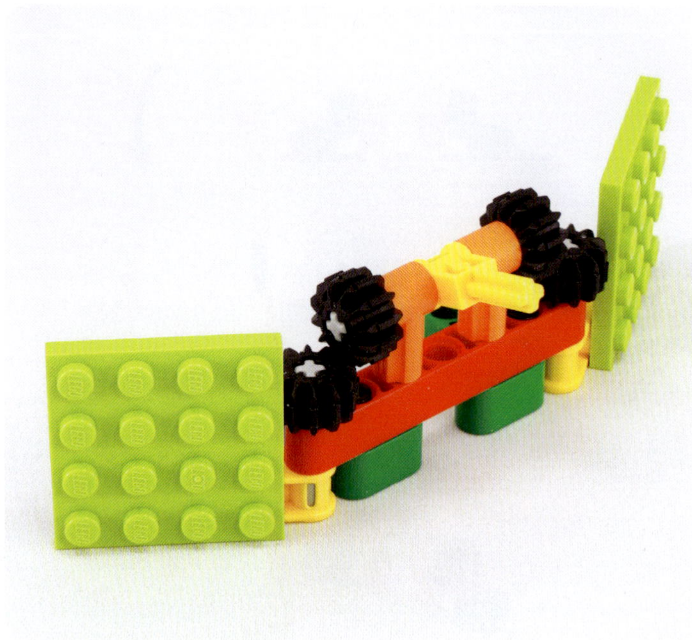

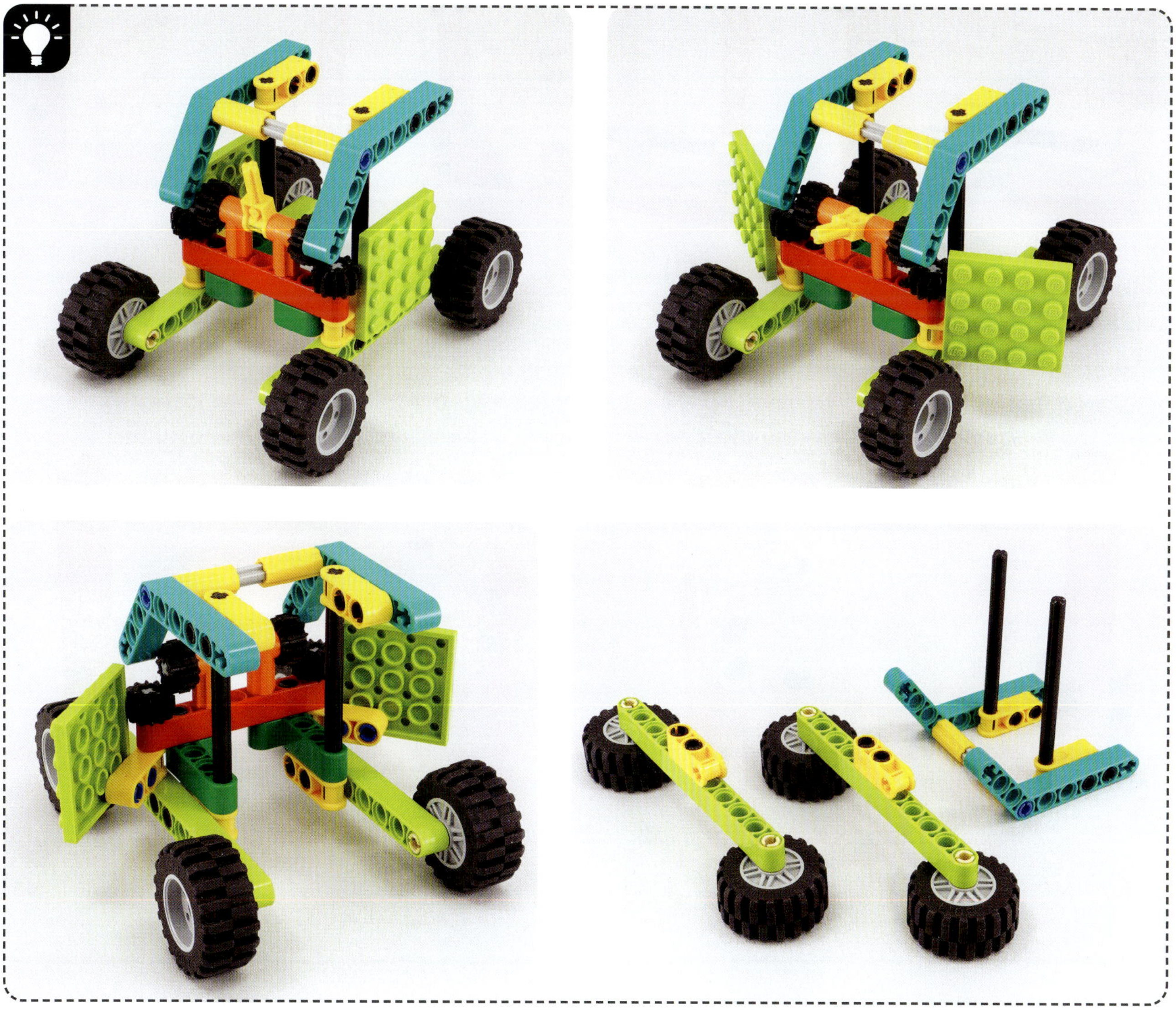

#6

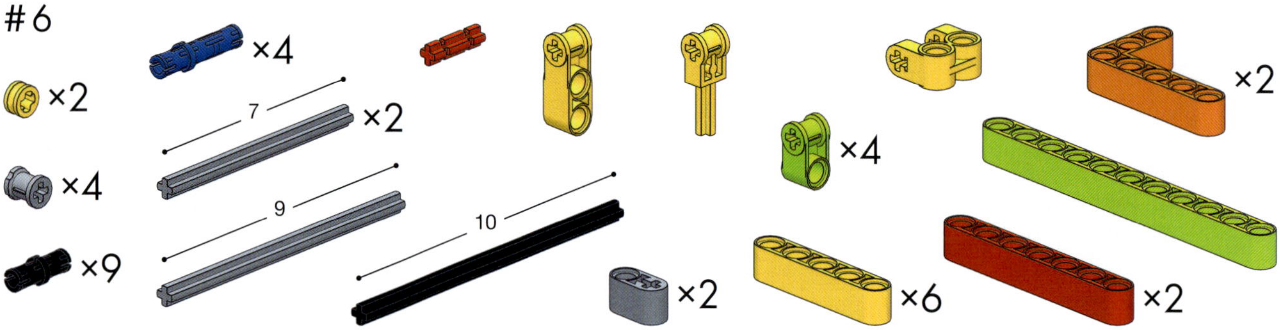

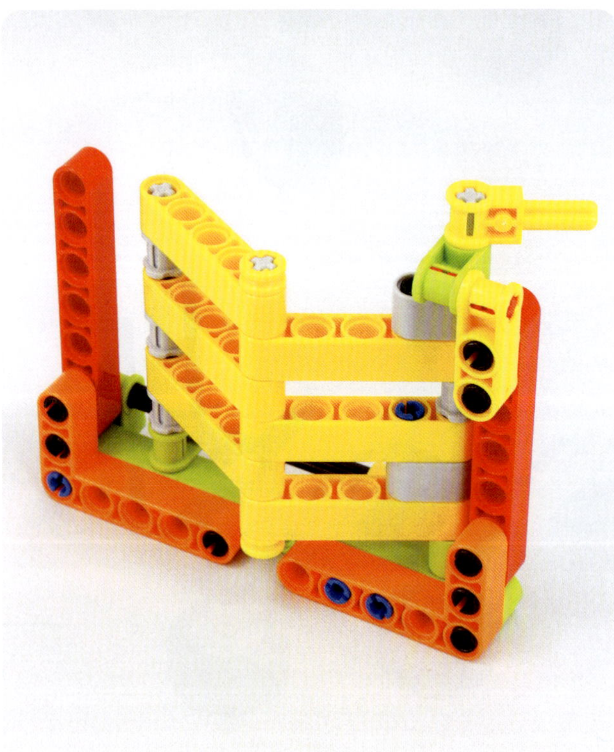

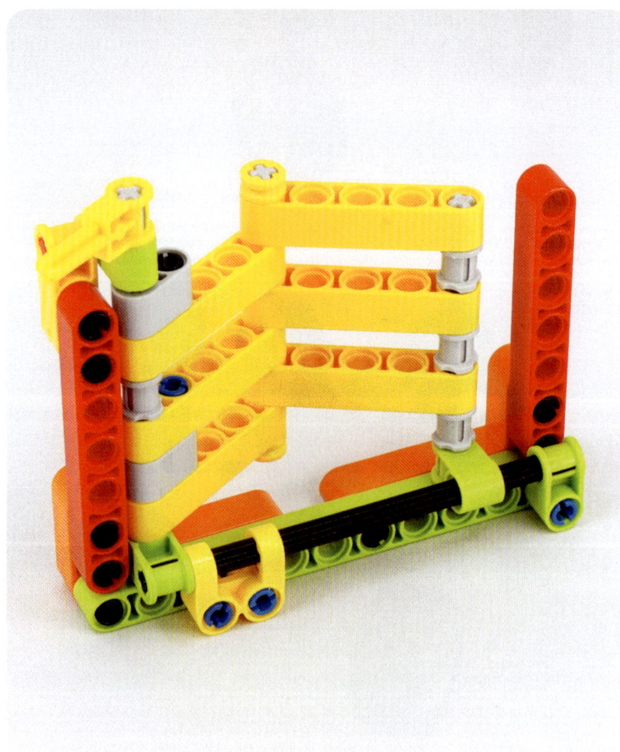

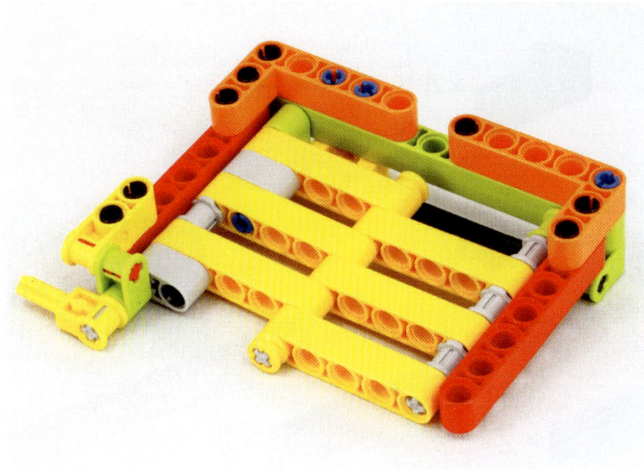

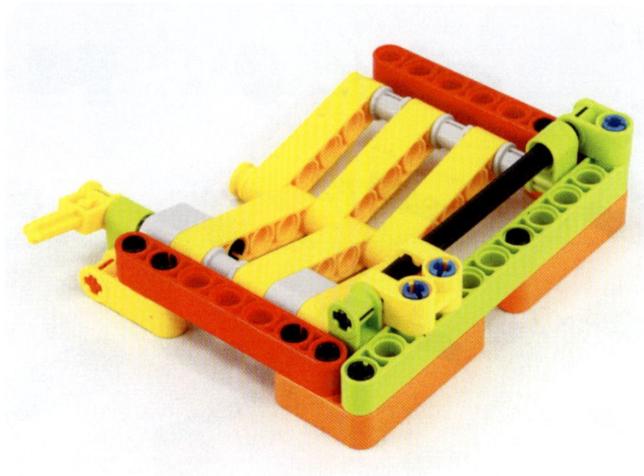

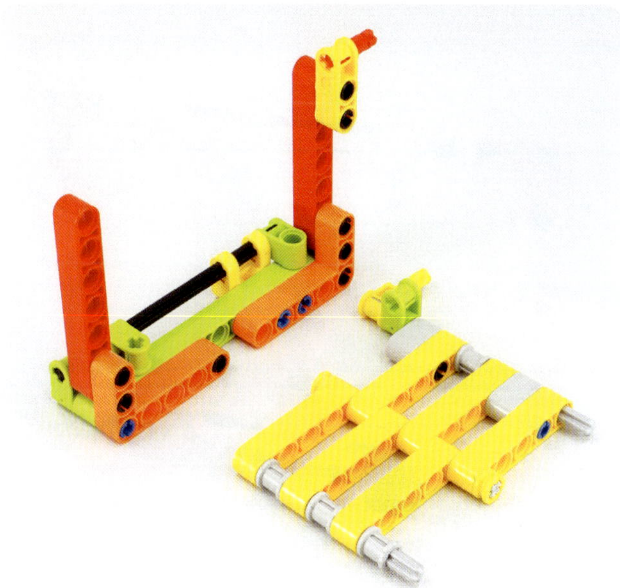

#7

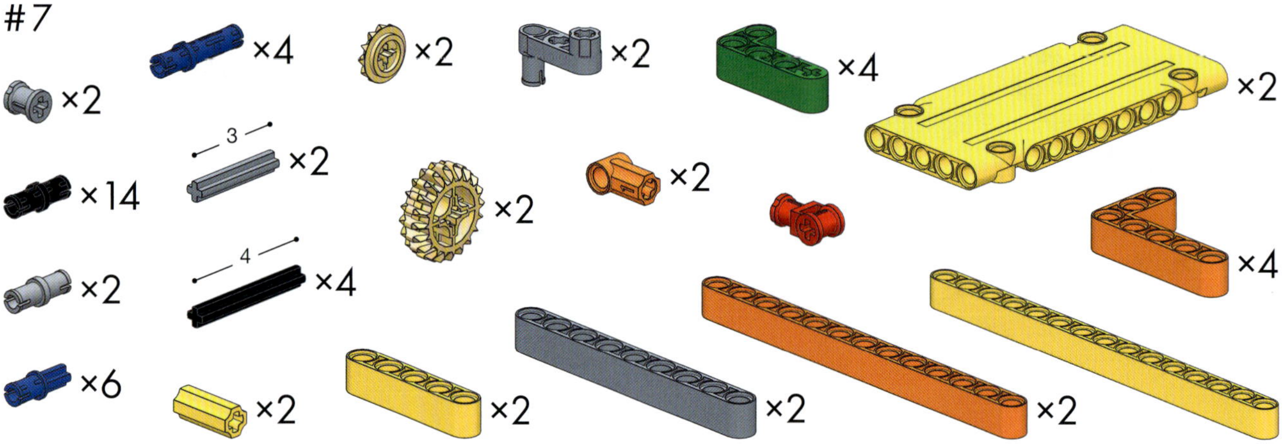

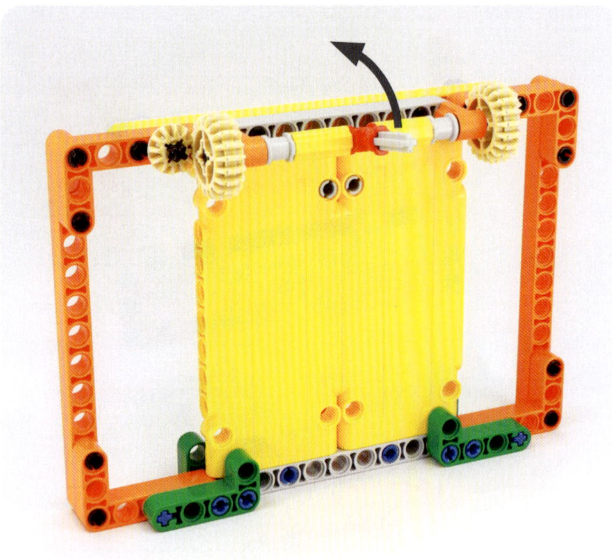

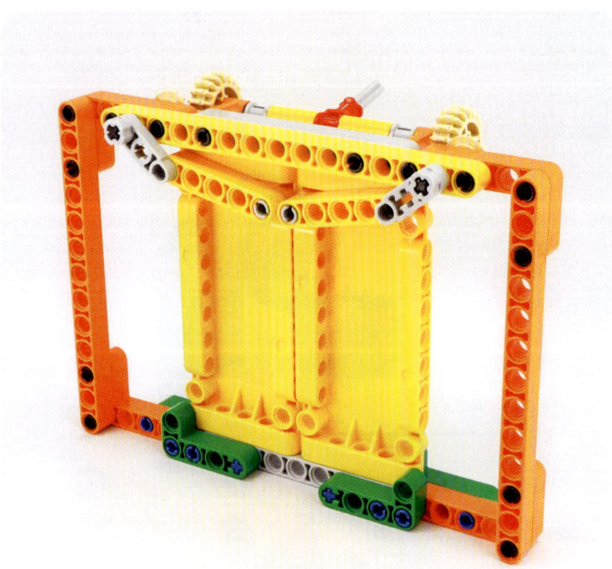

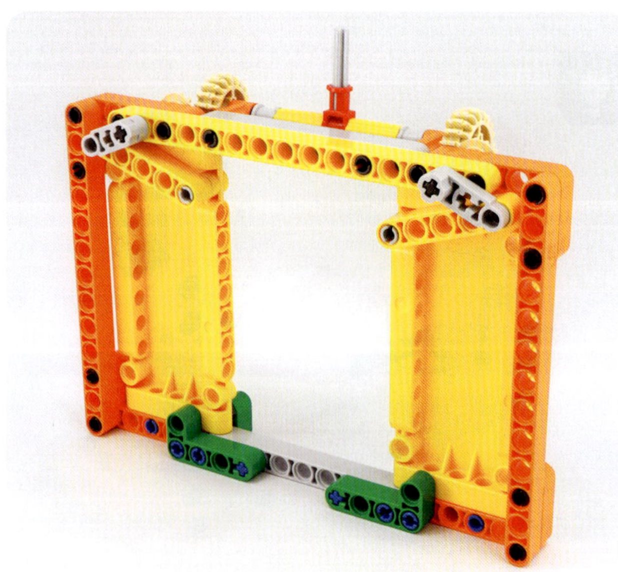

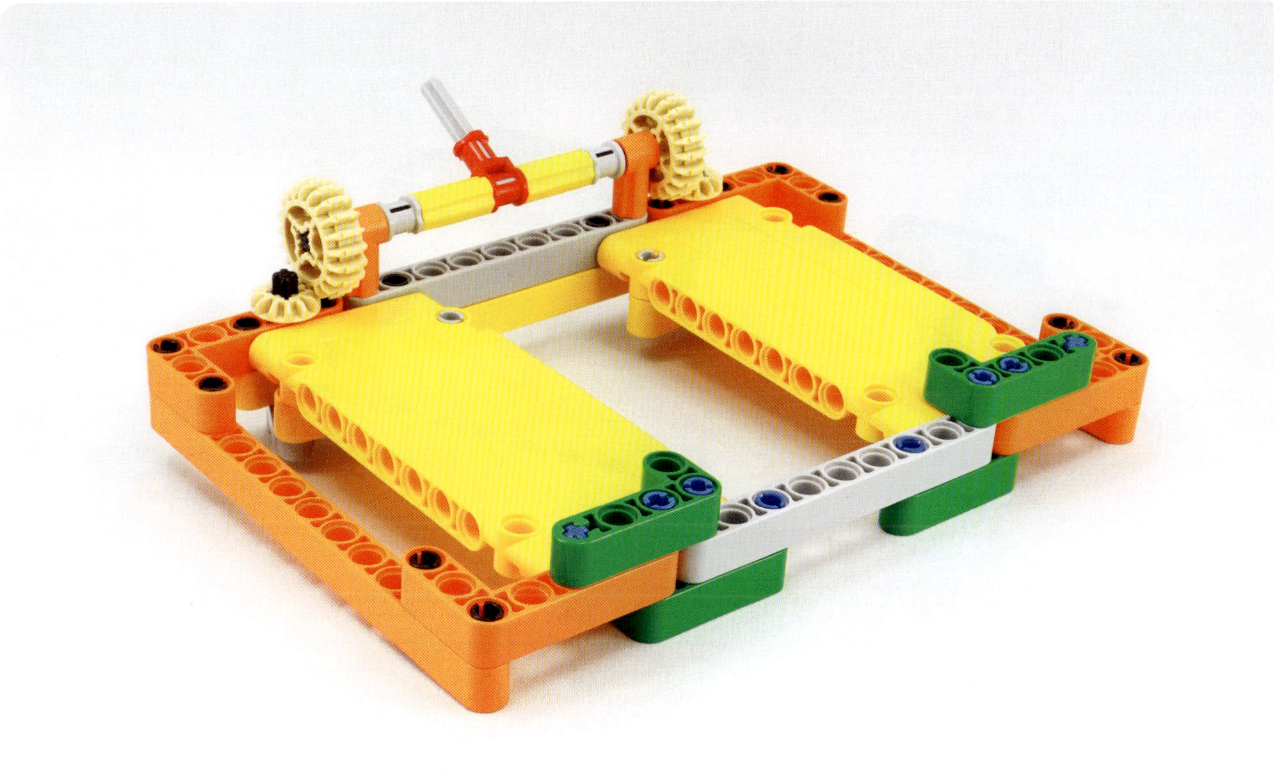

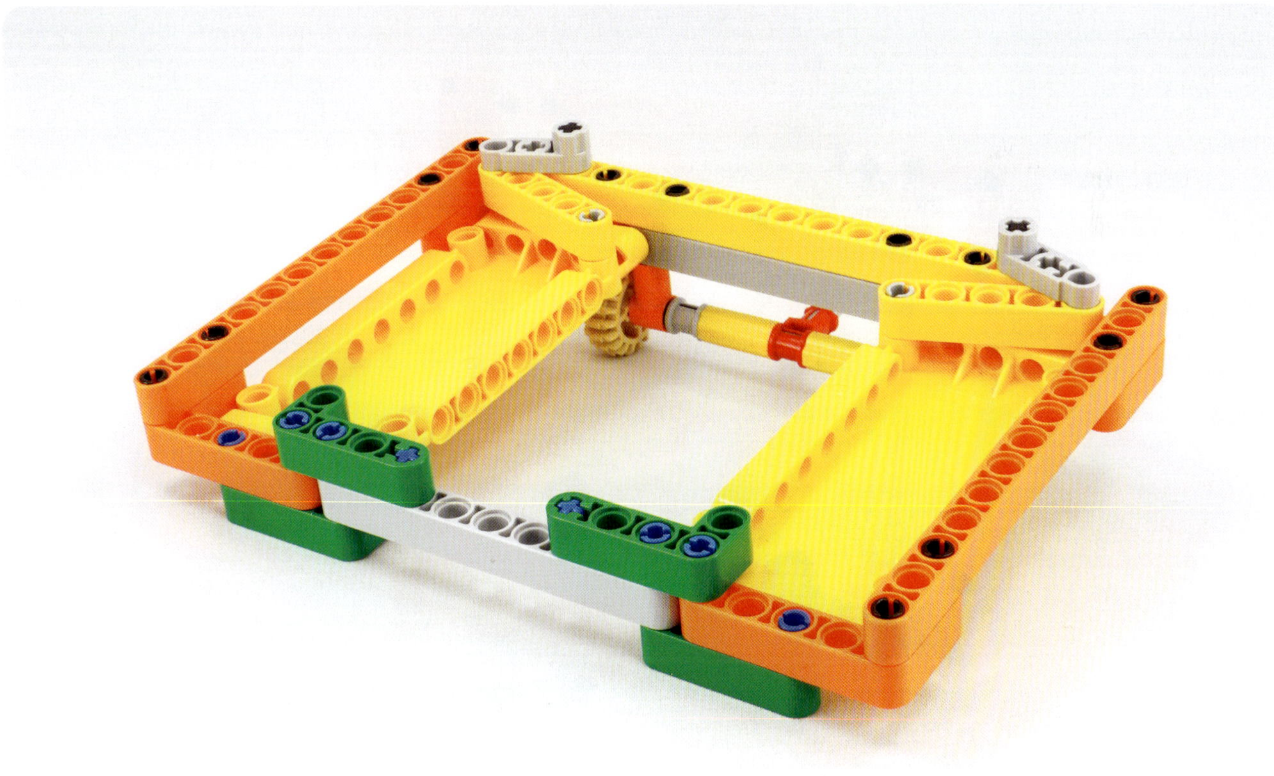

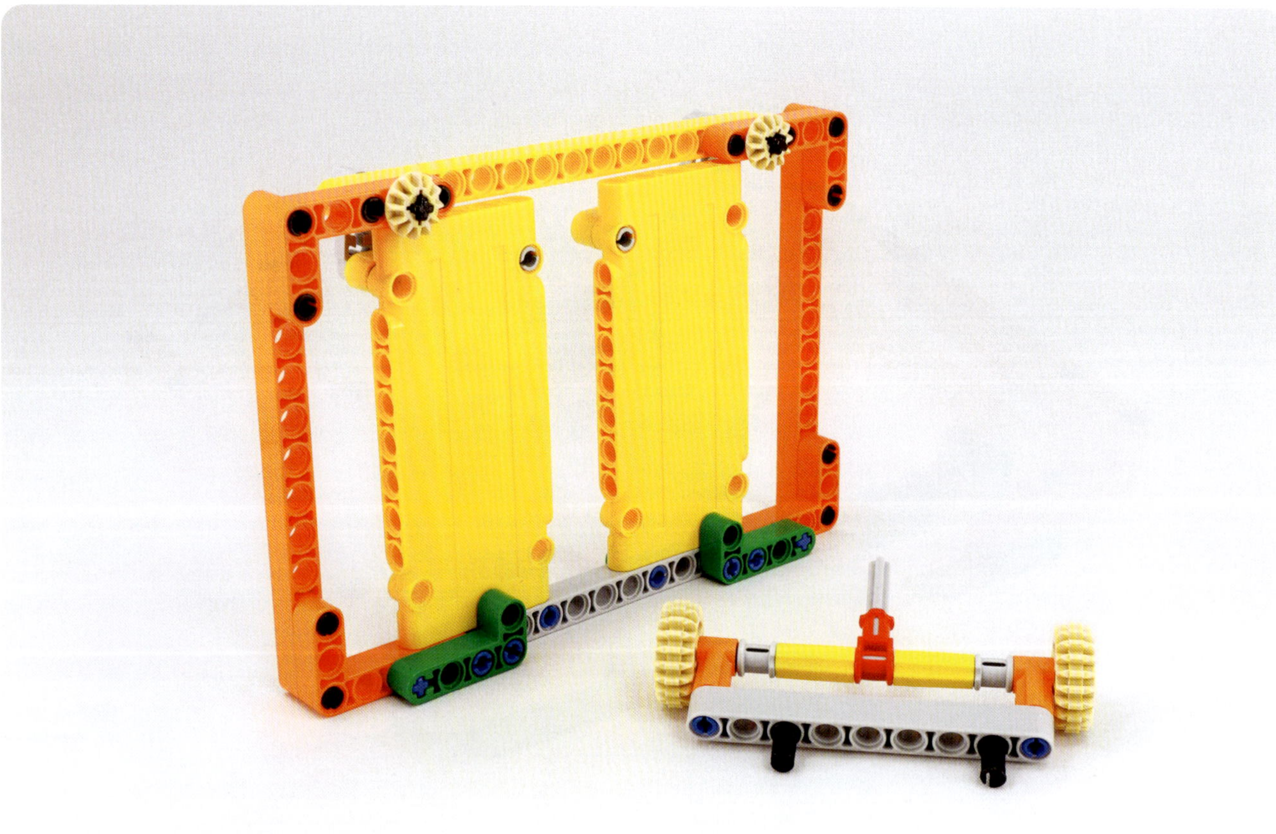

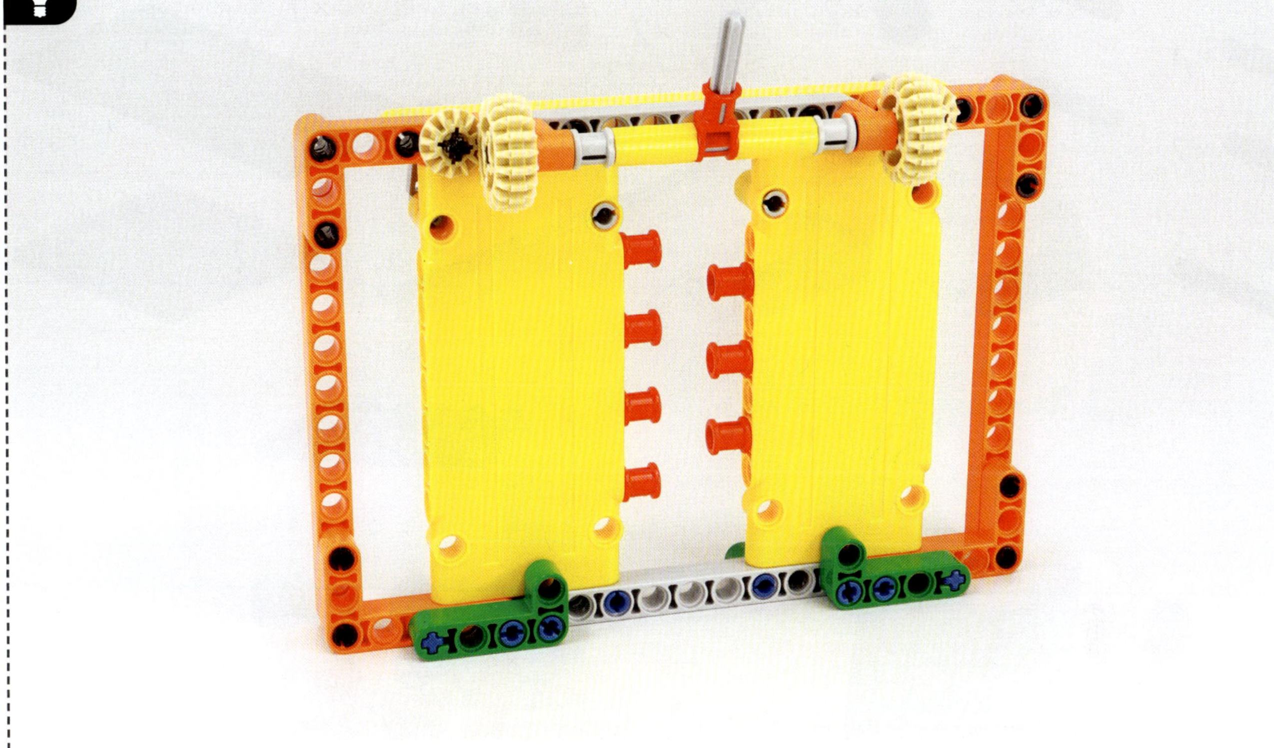

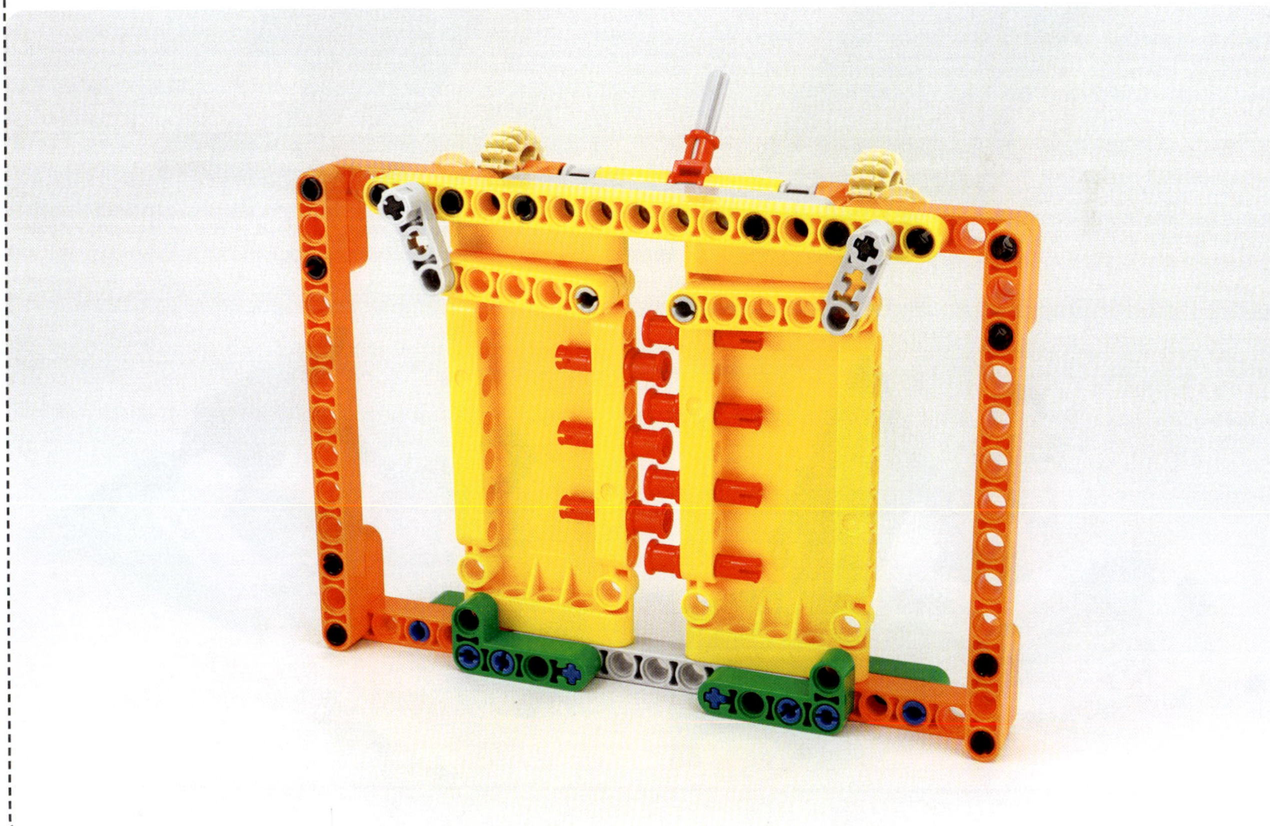

#8

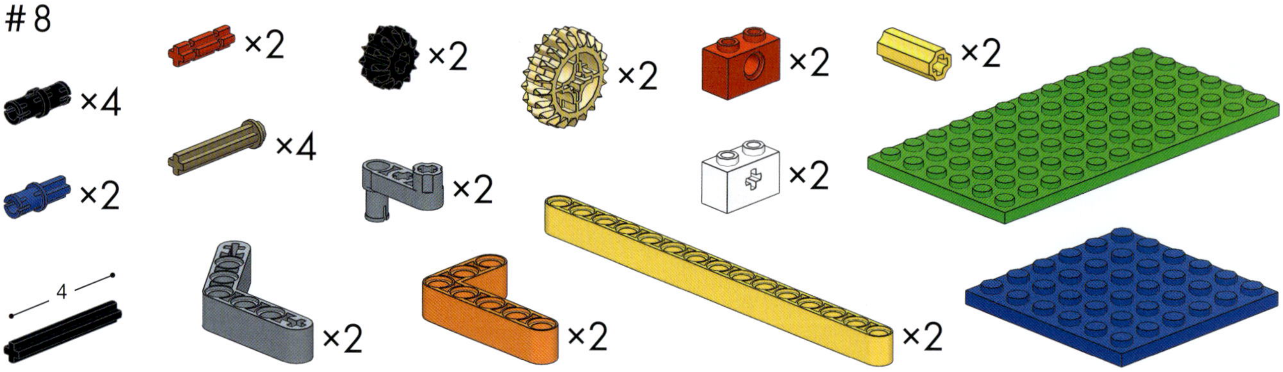

#9

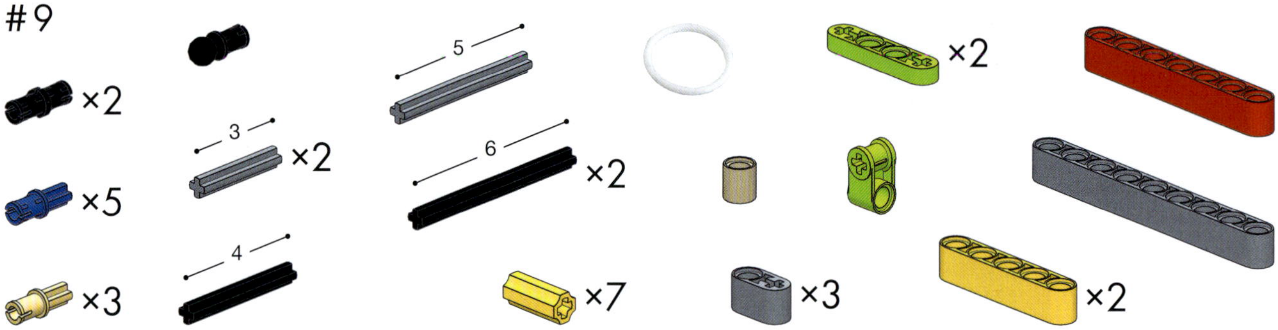

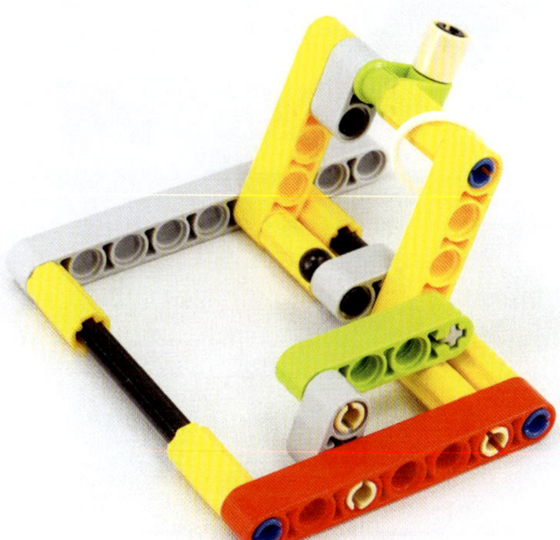

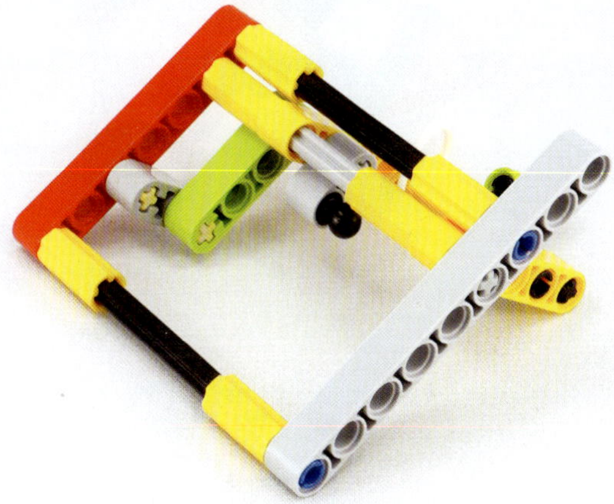

10

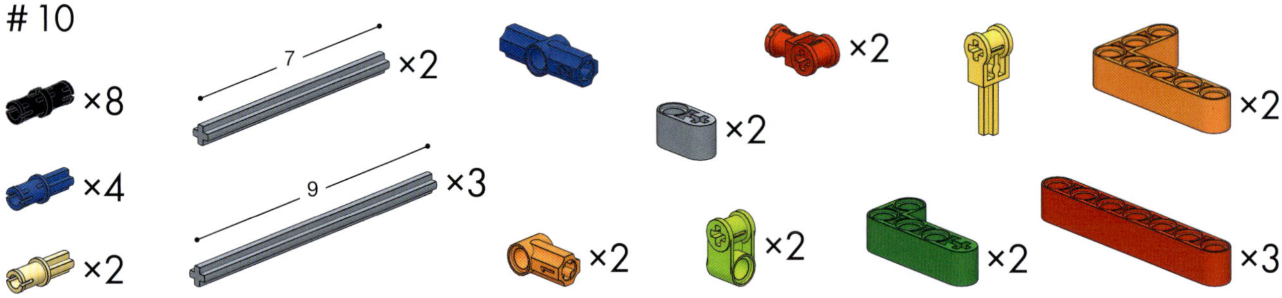

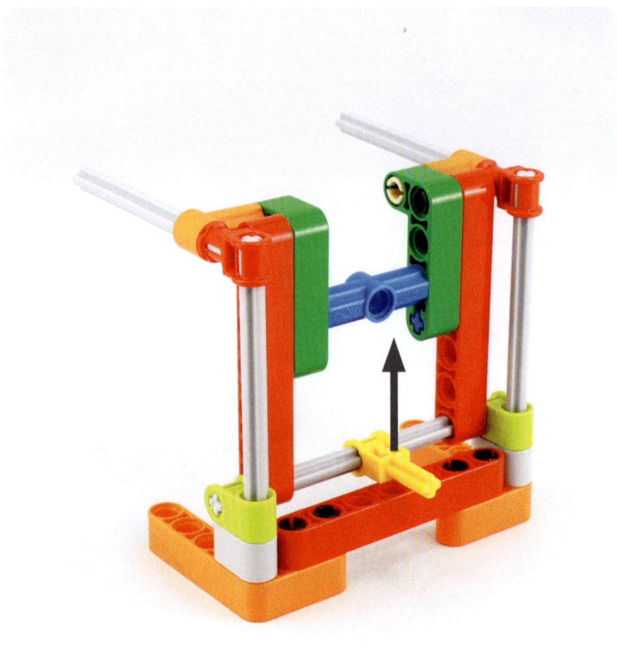

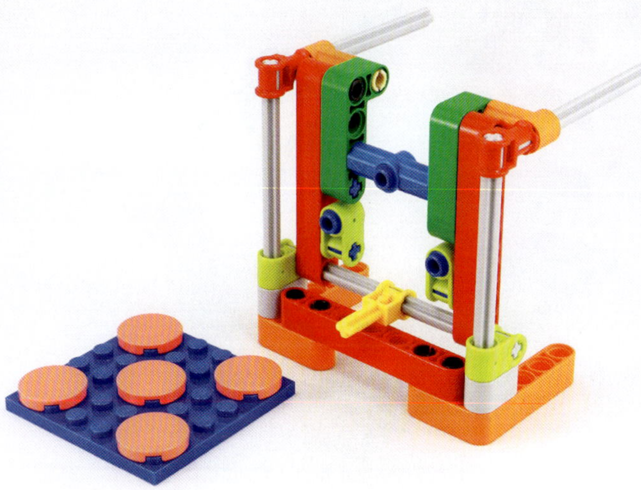

11

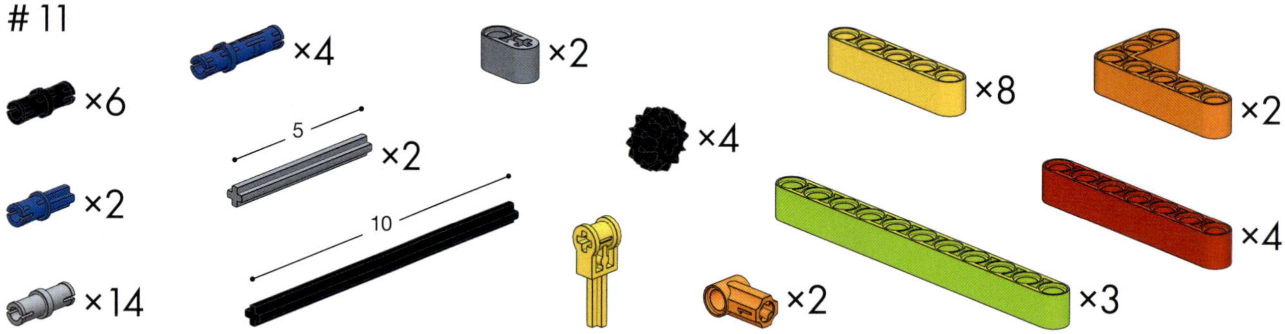

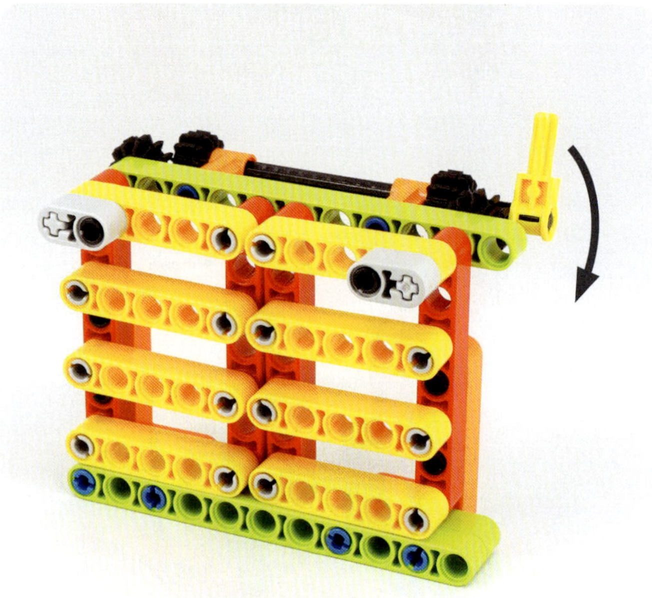

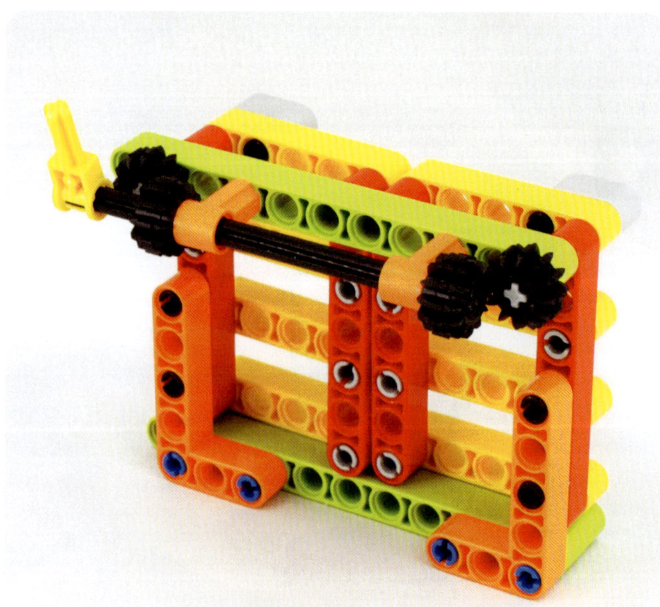

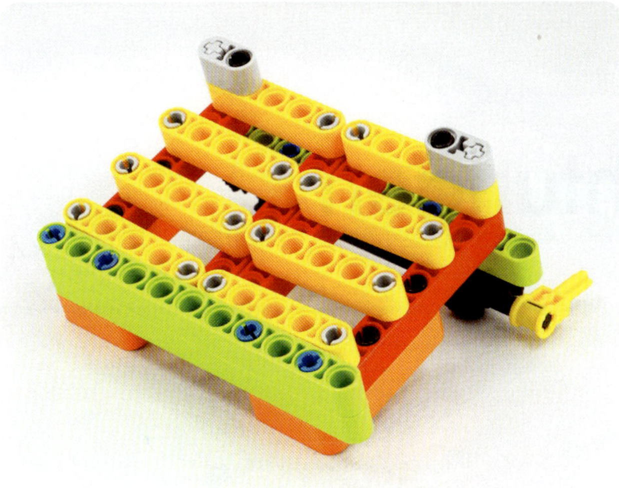

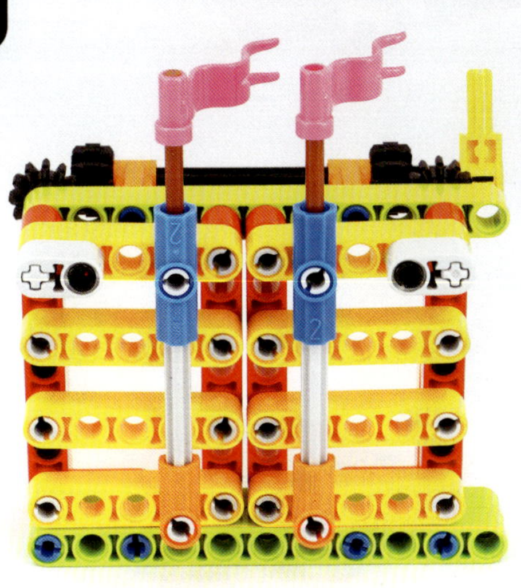

Hebevorrichtungen

12

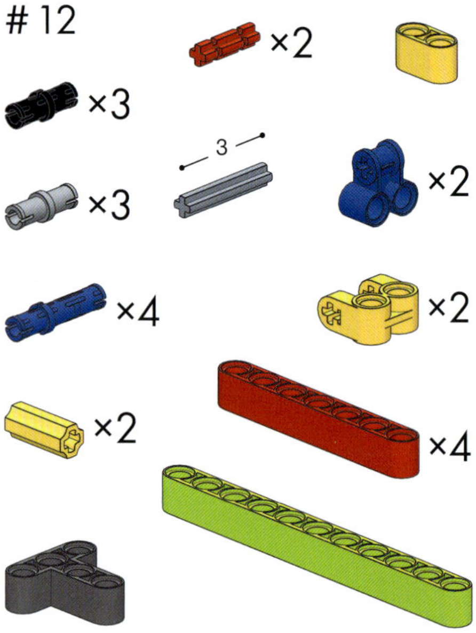

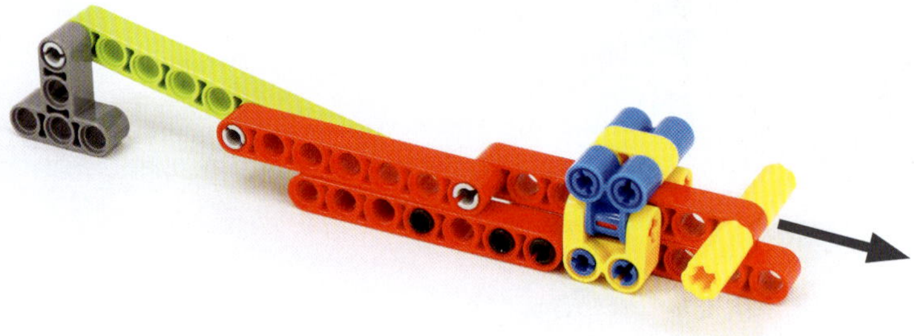

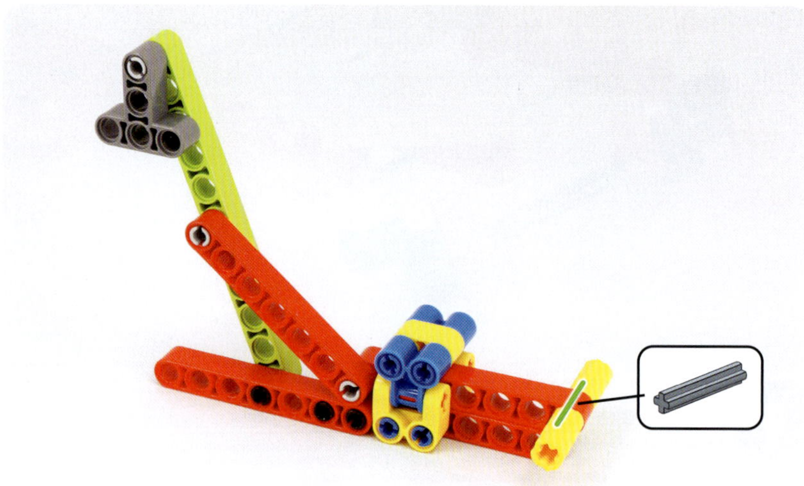

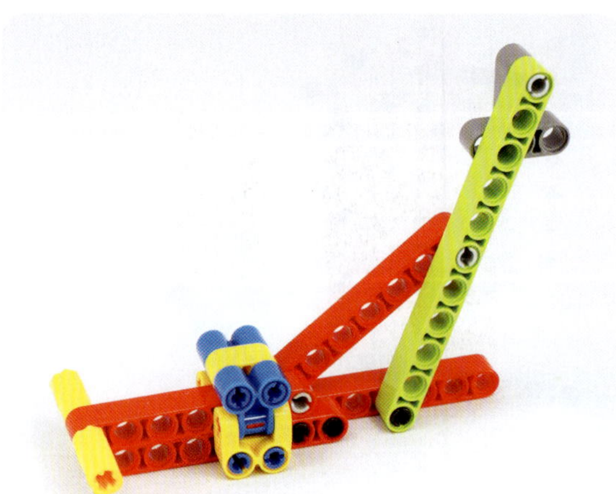

13

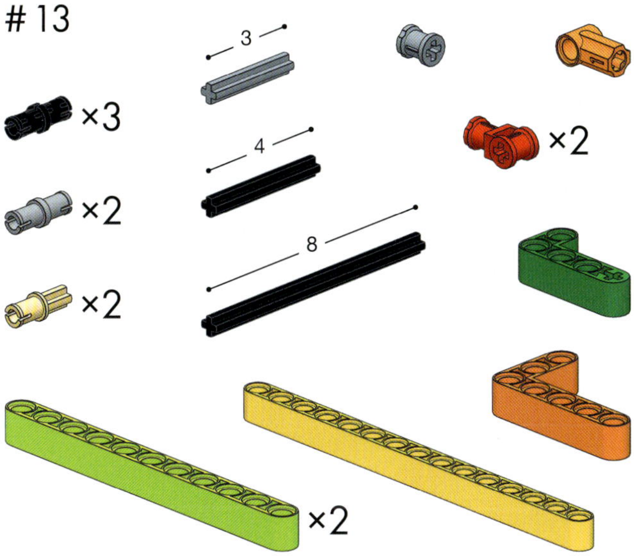

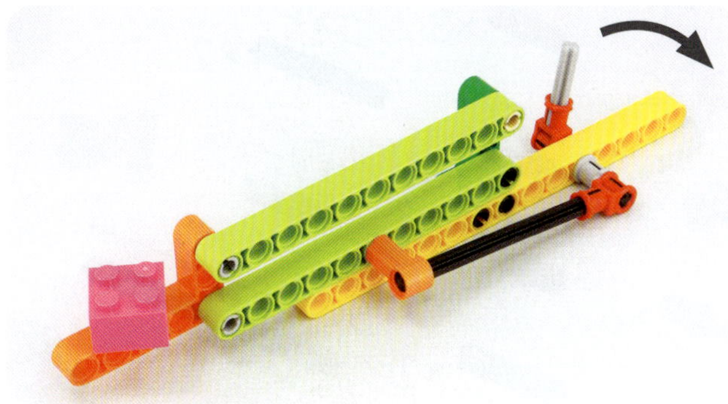

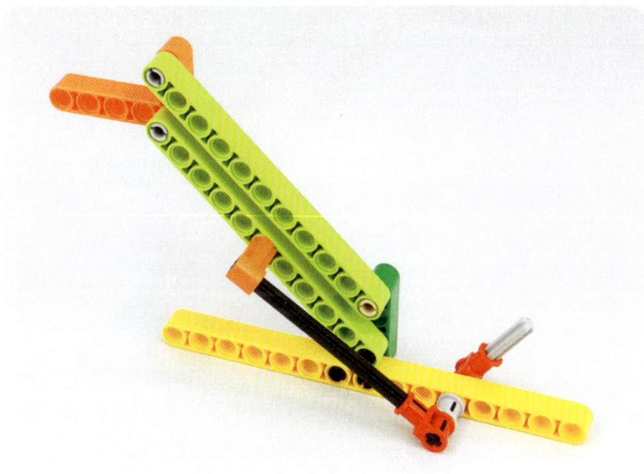

14

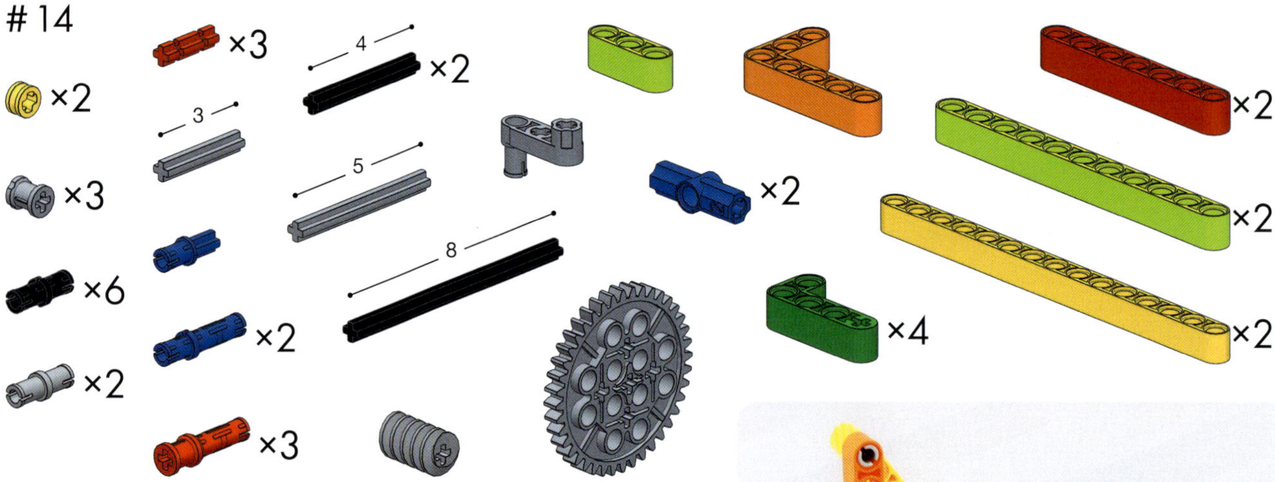

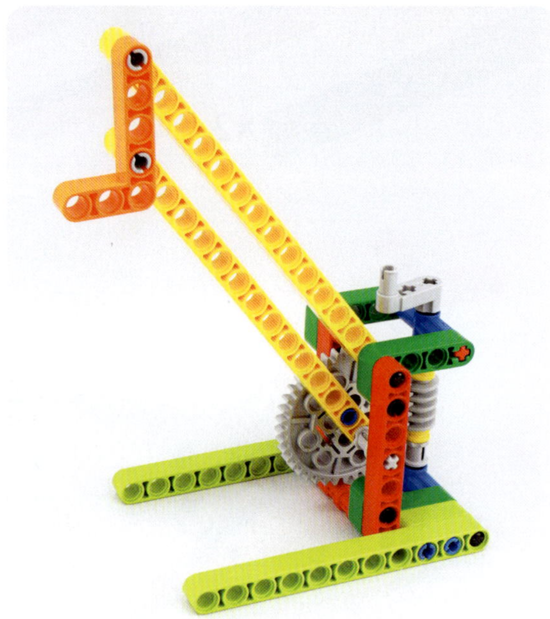

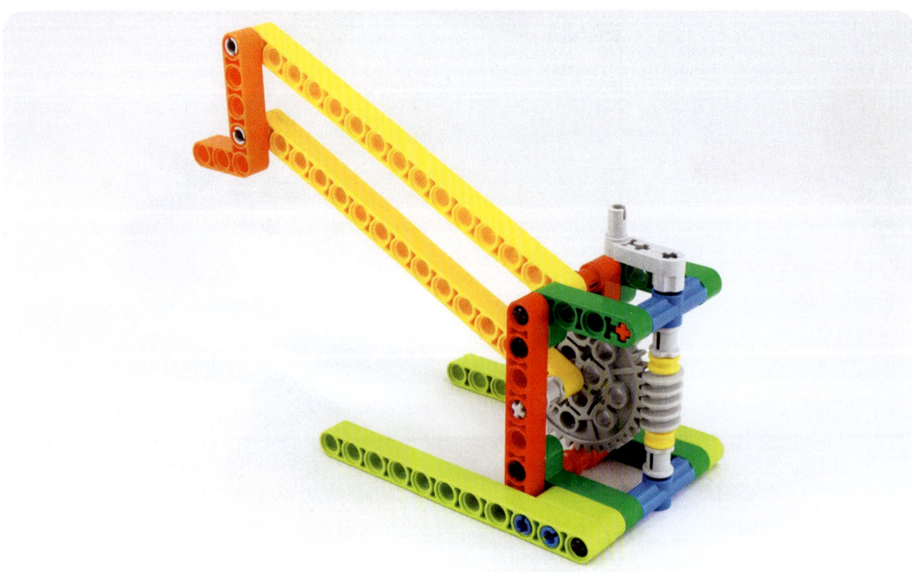

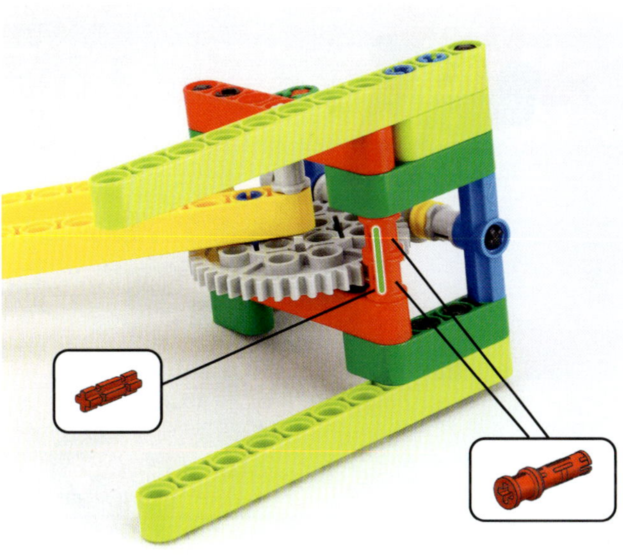

15

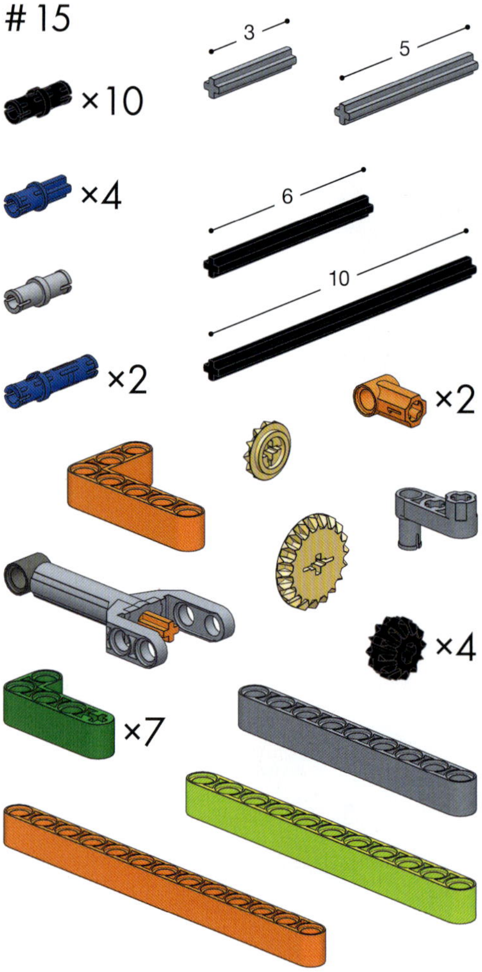

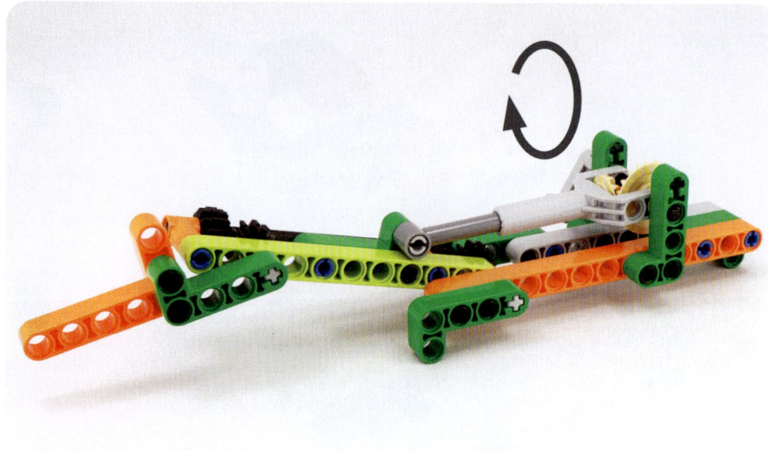

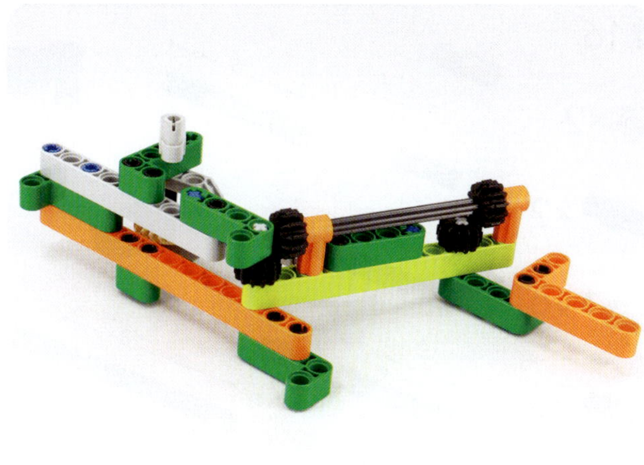

16

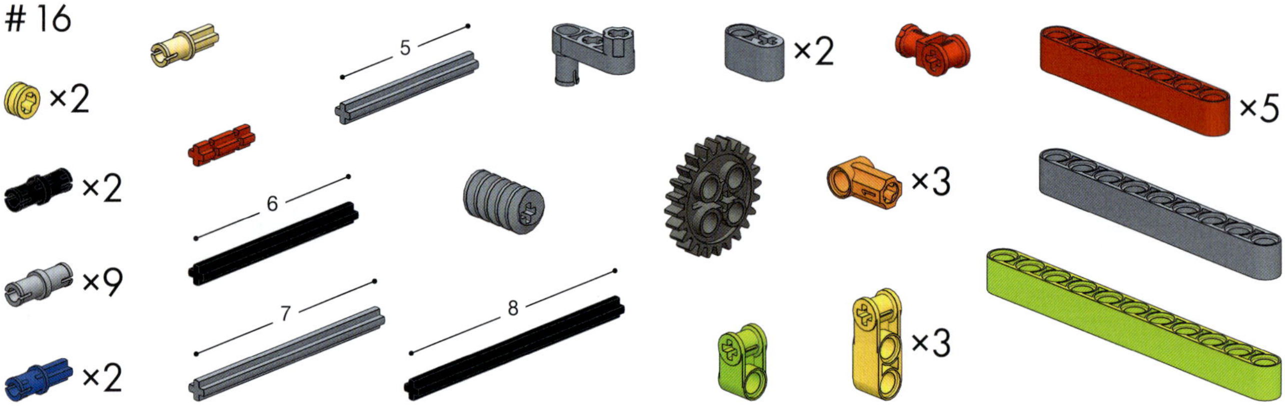

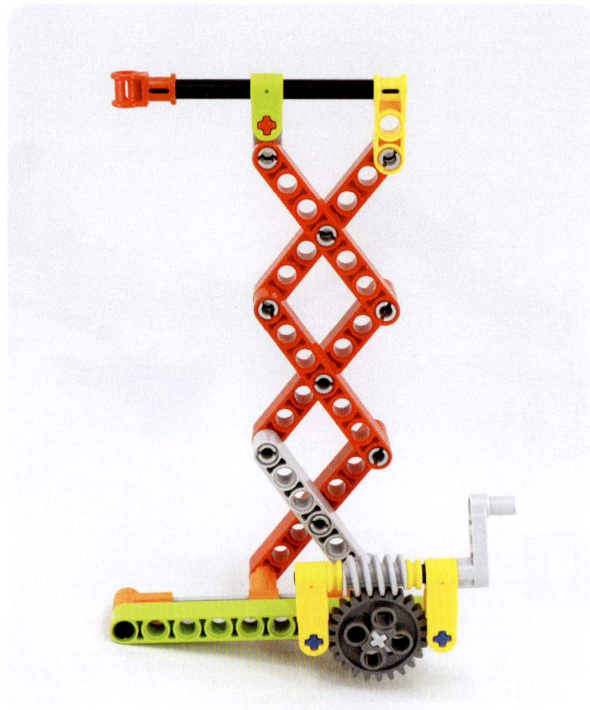

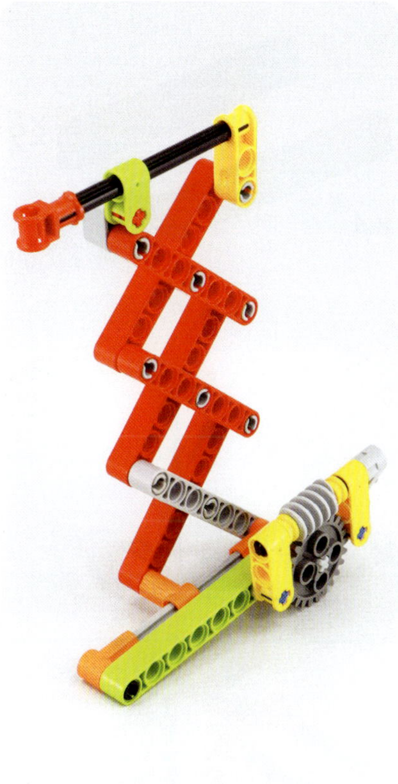

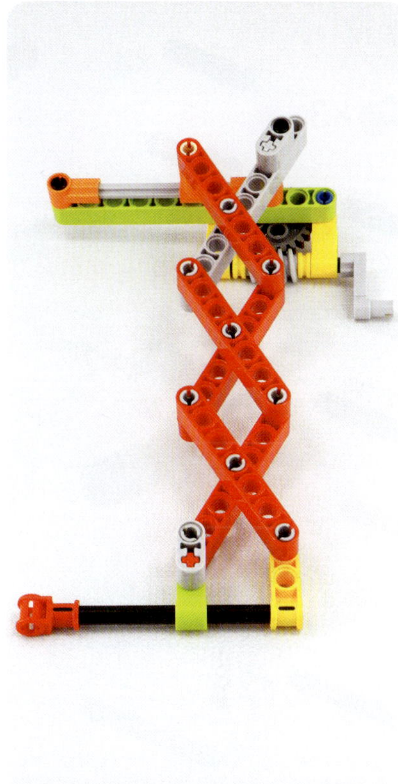

17

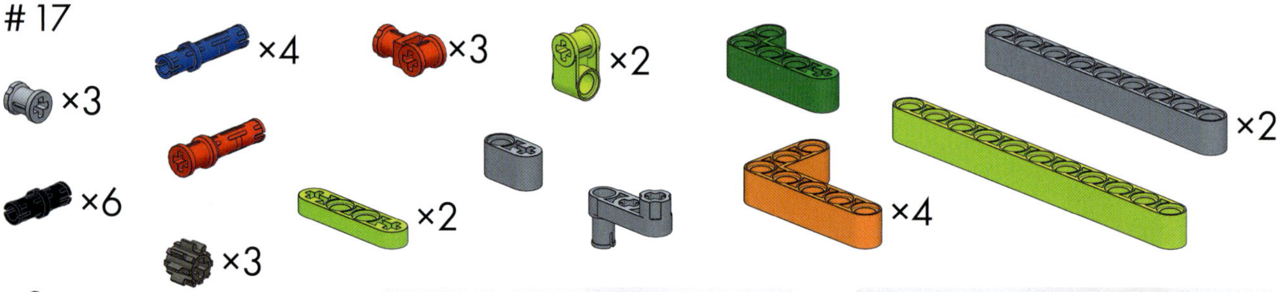

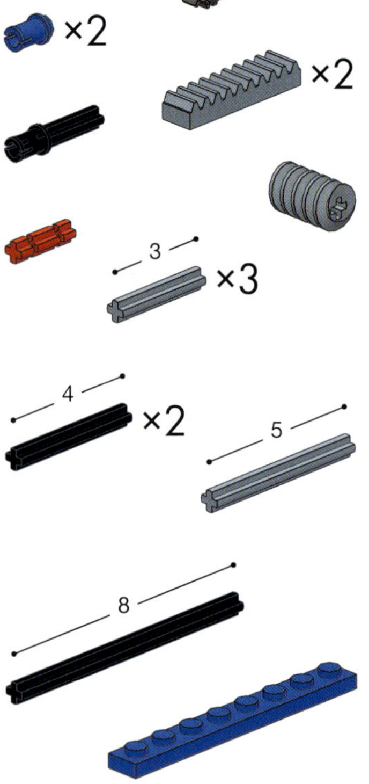

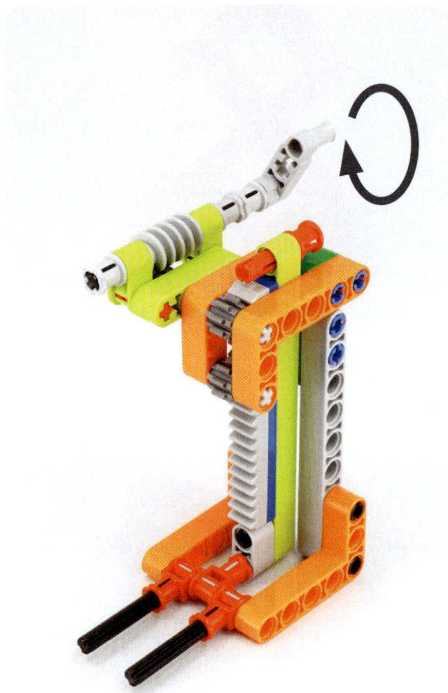

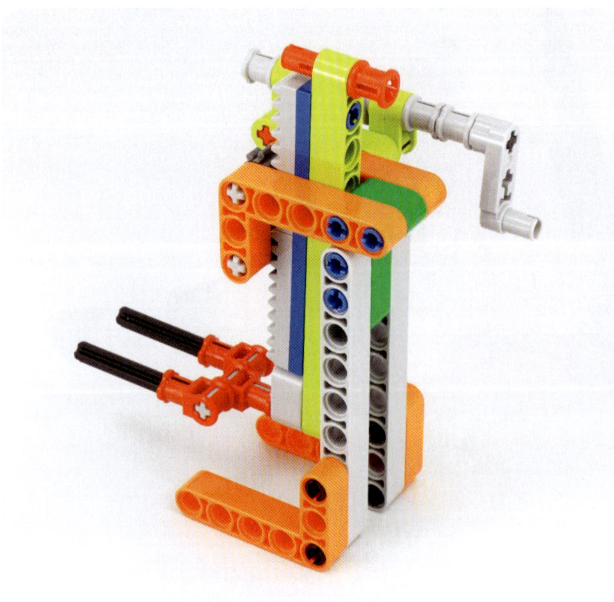

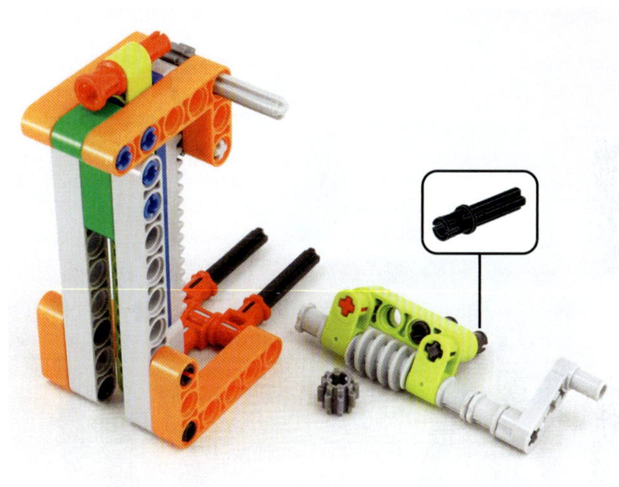

18

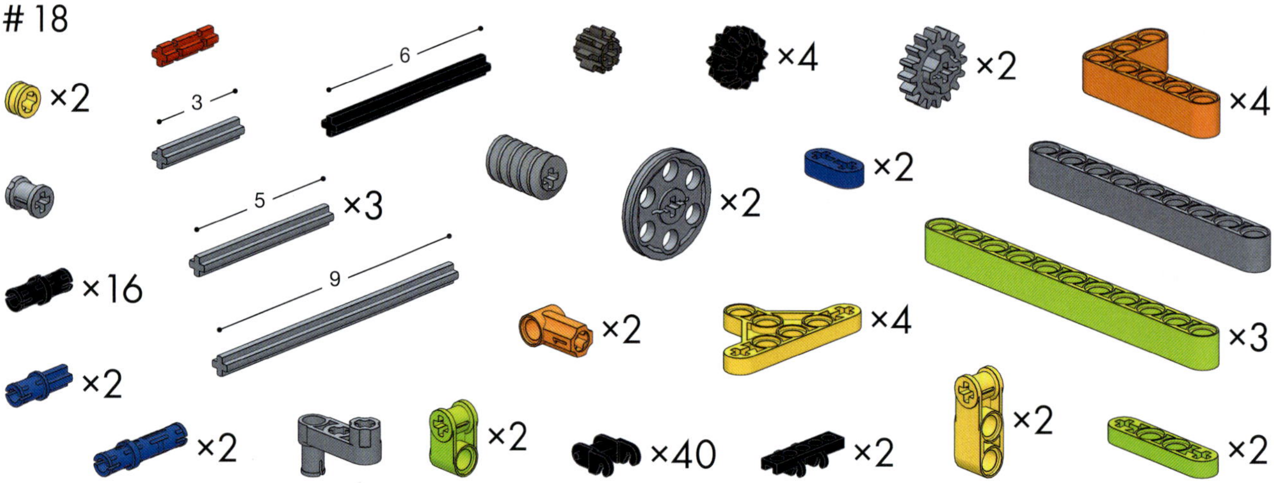

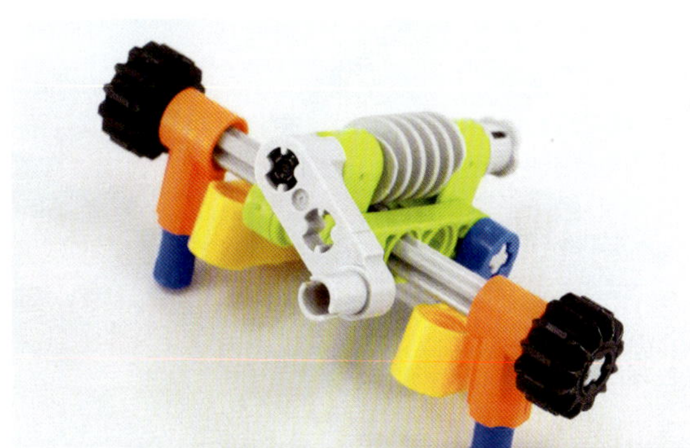

Greifwerkzeuge

19

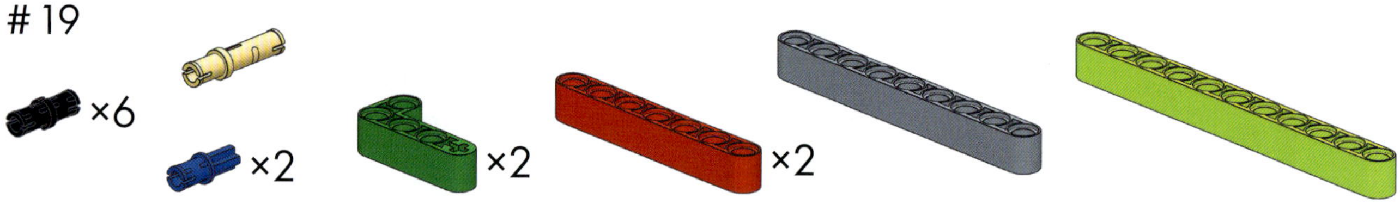

#20

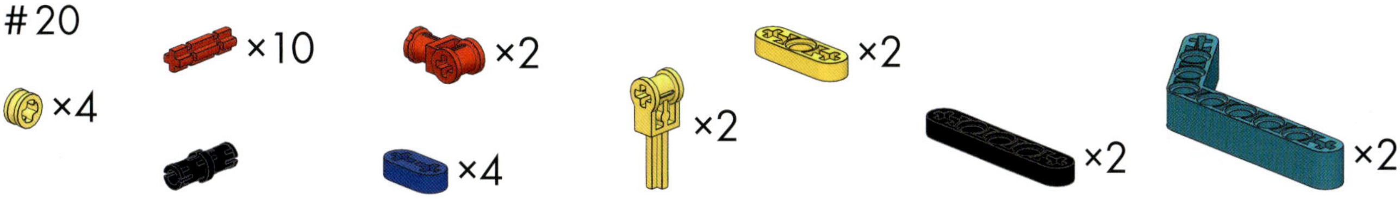

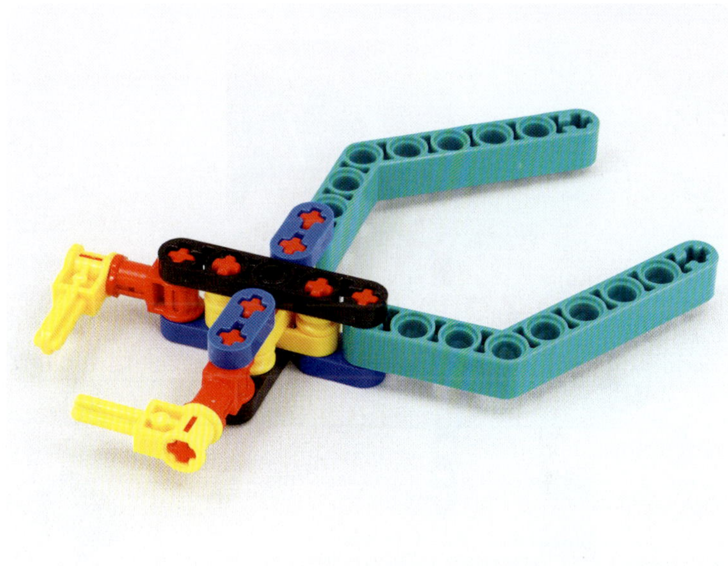

#21

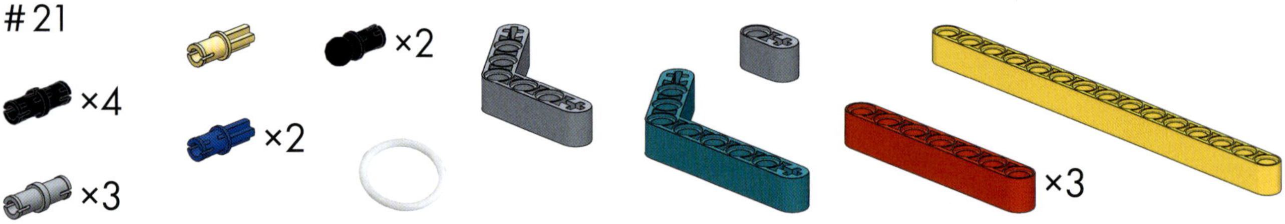

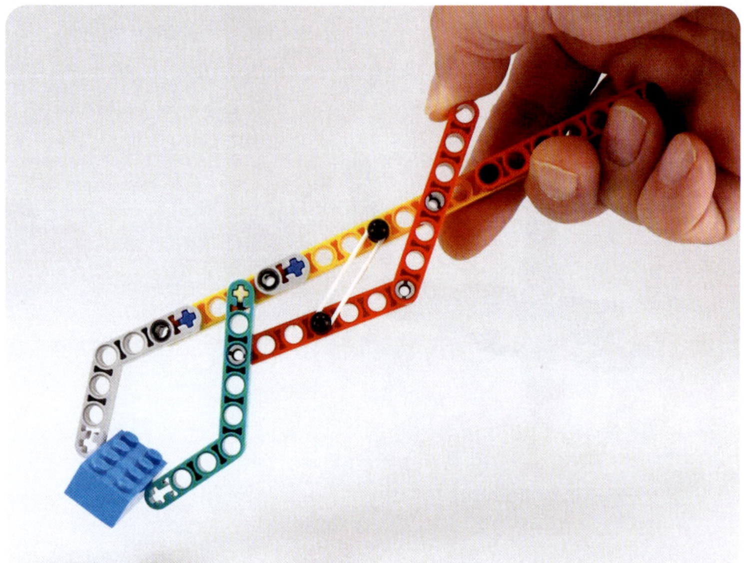

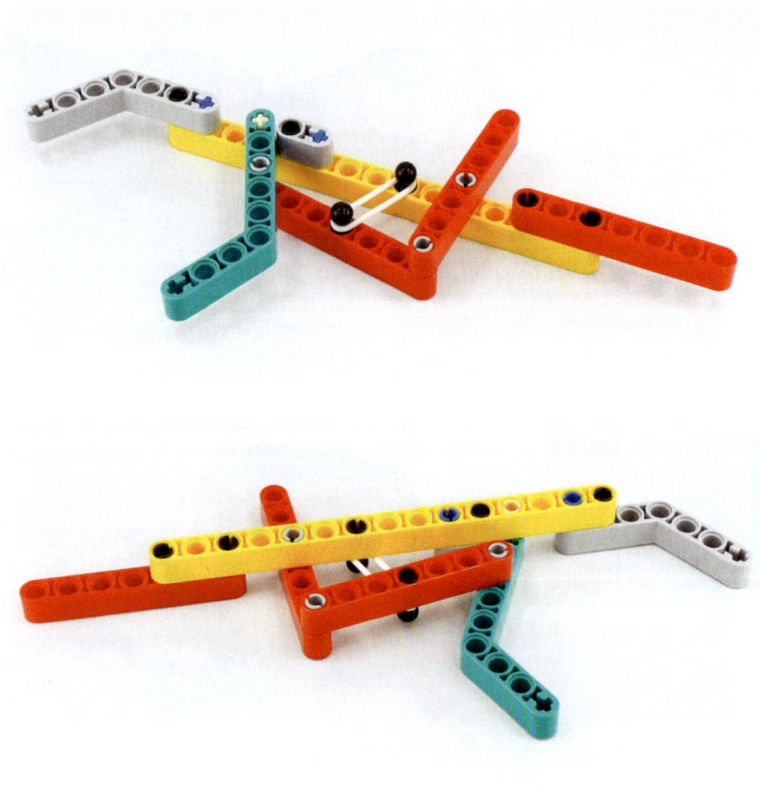

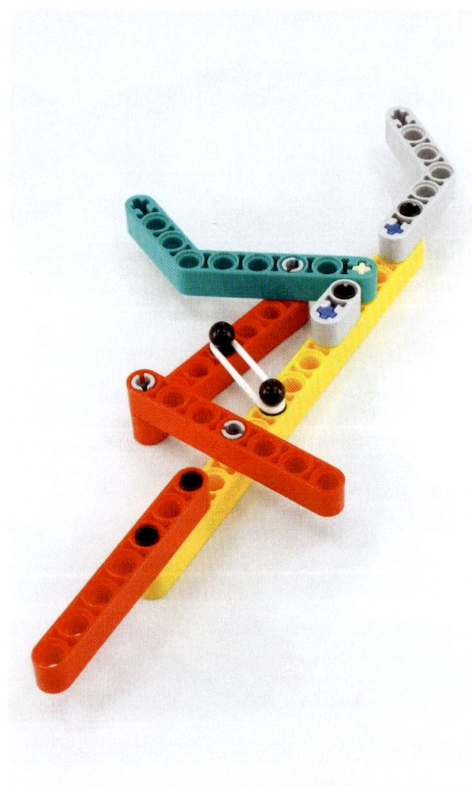

#22

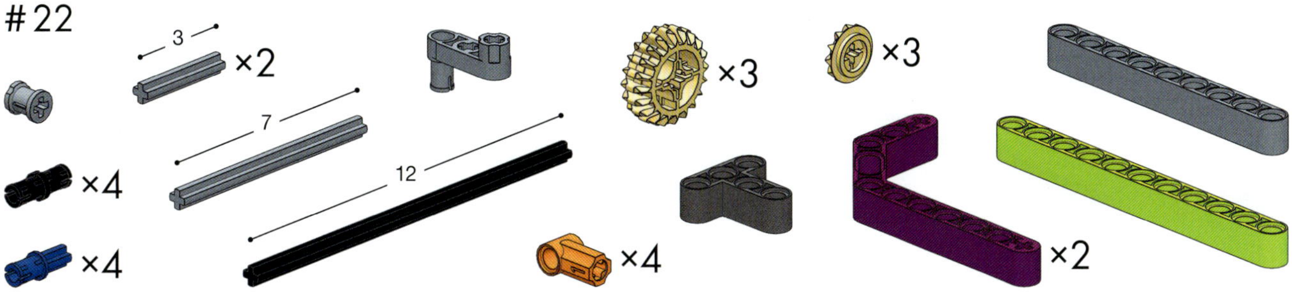

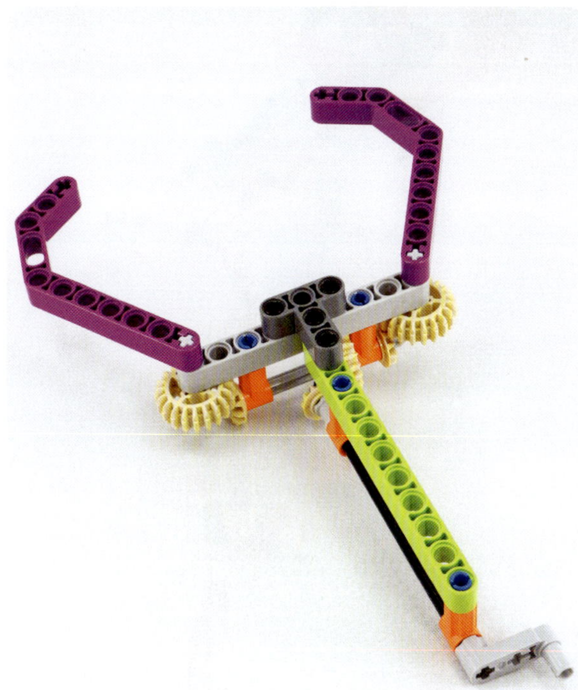

23

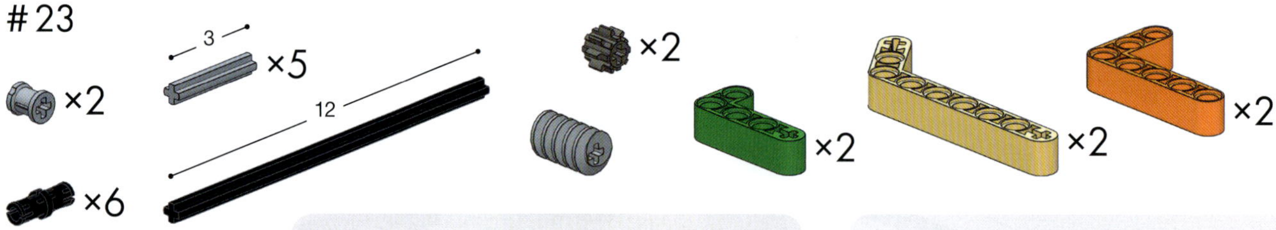

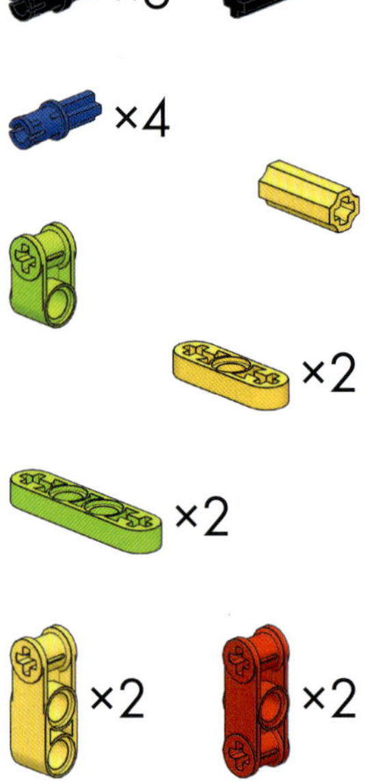

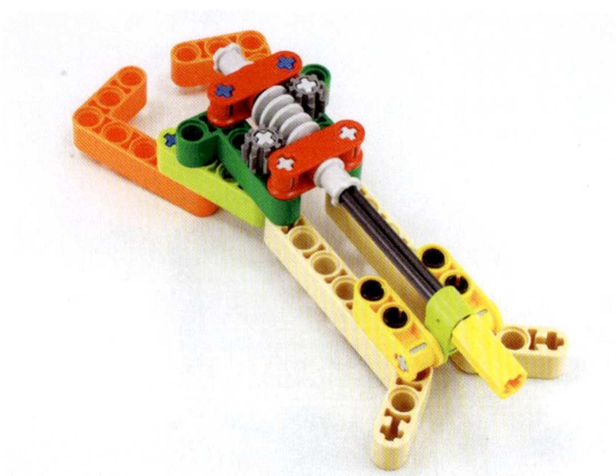

#24

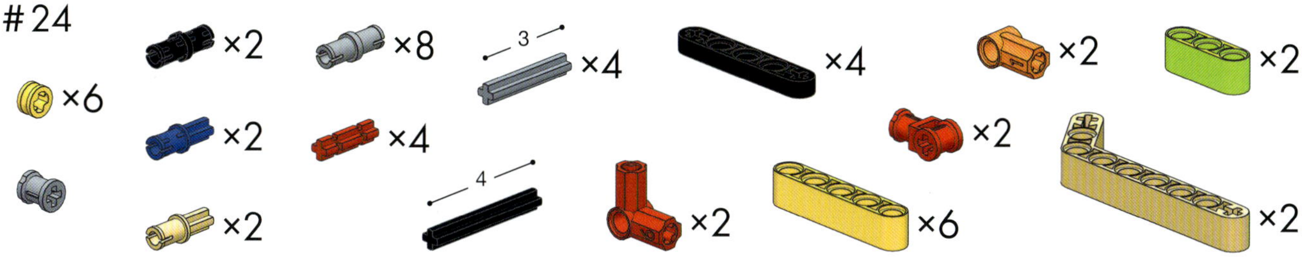

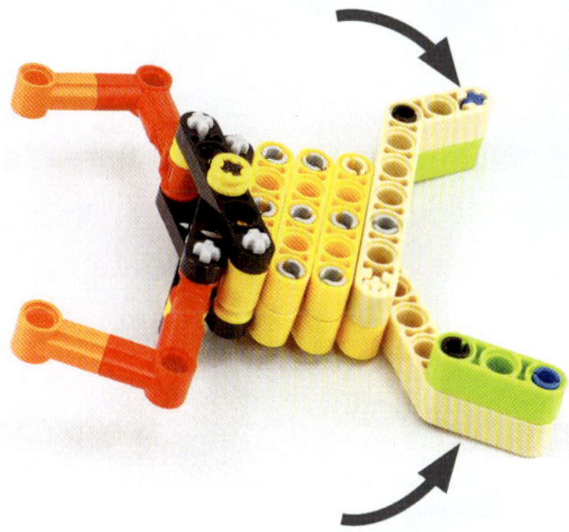

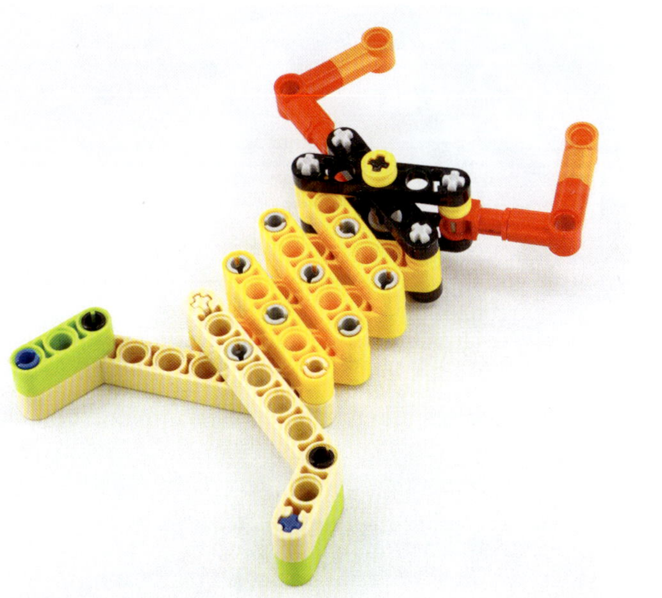

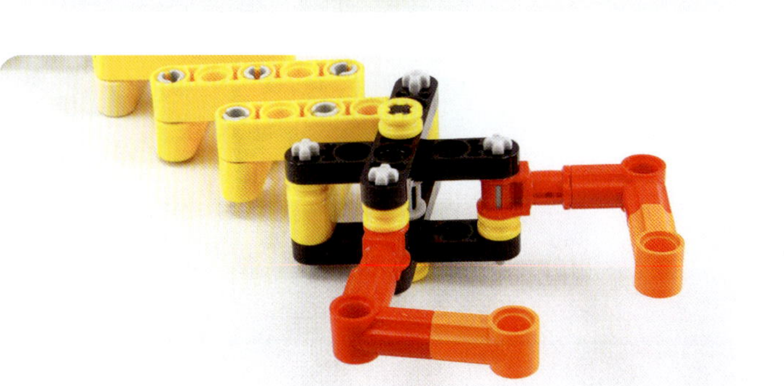

#25

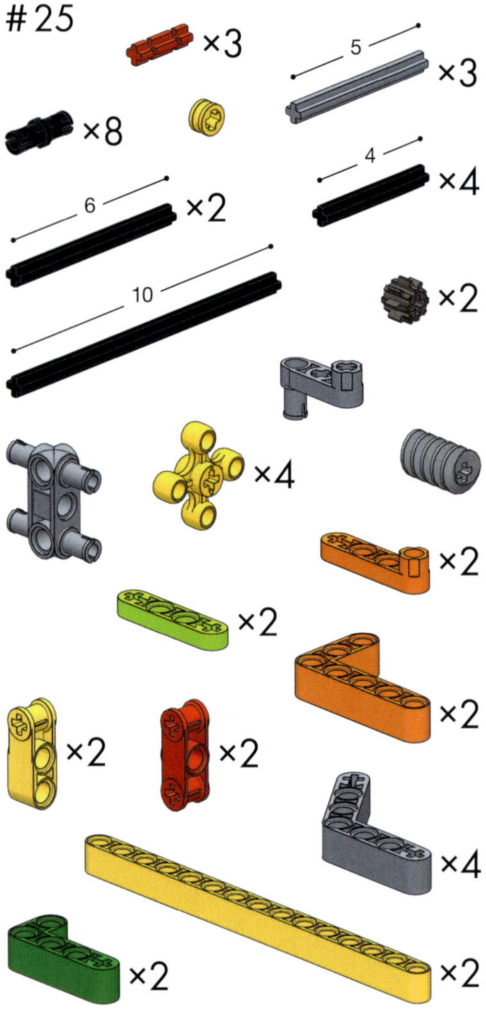

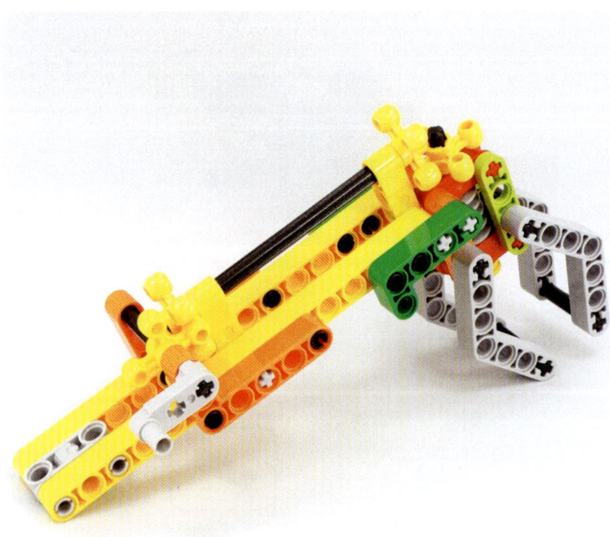

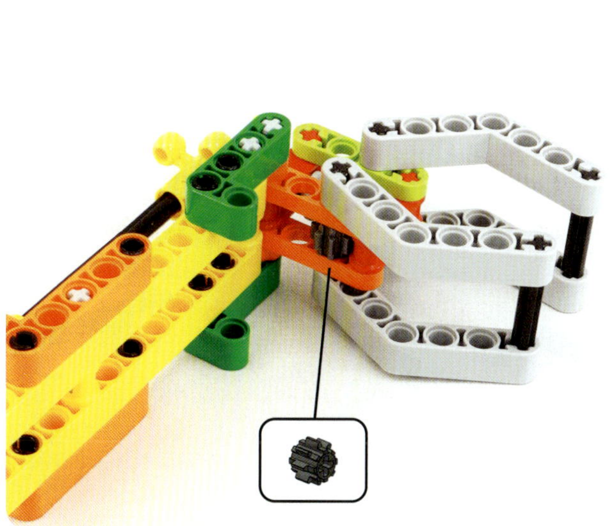

26

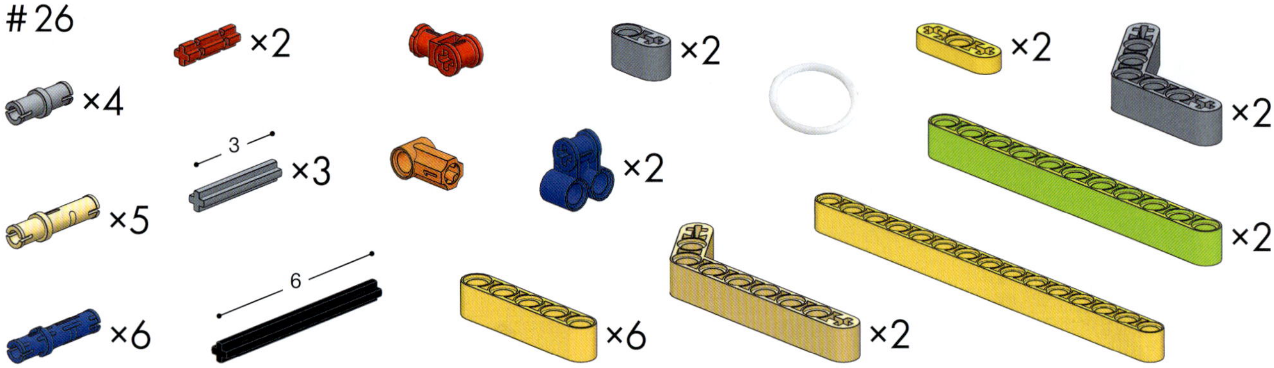

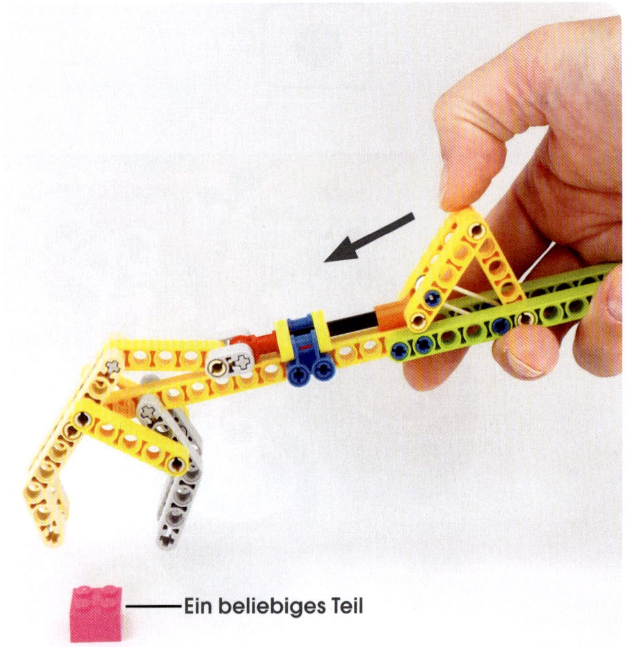

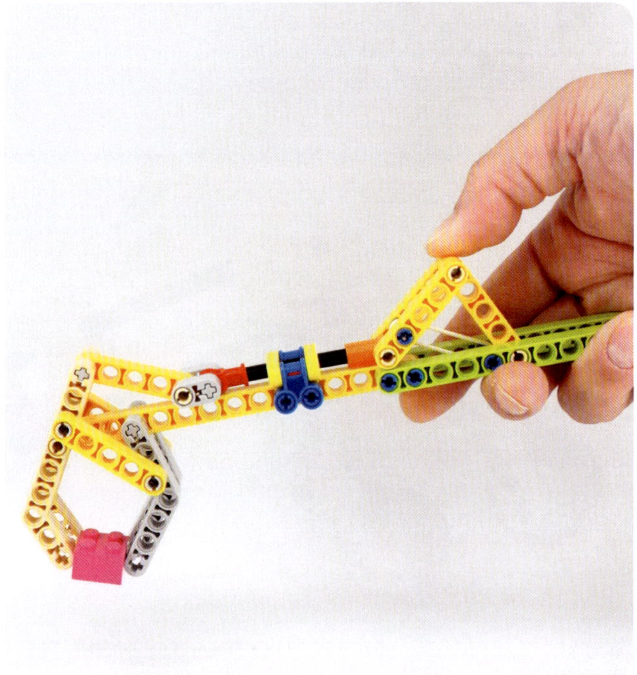

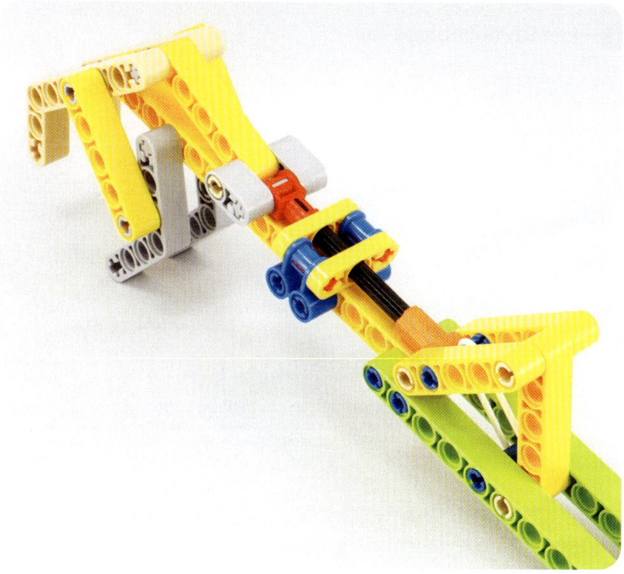

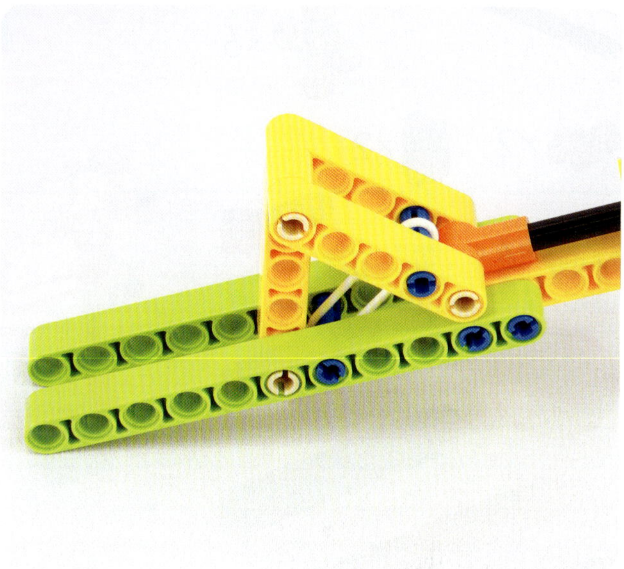

27

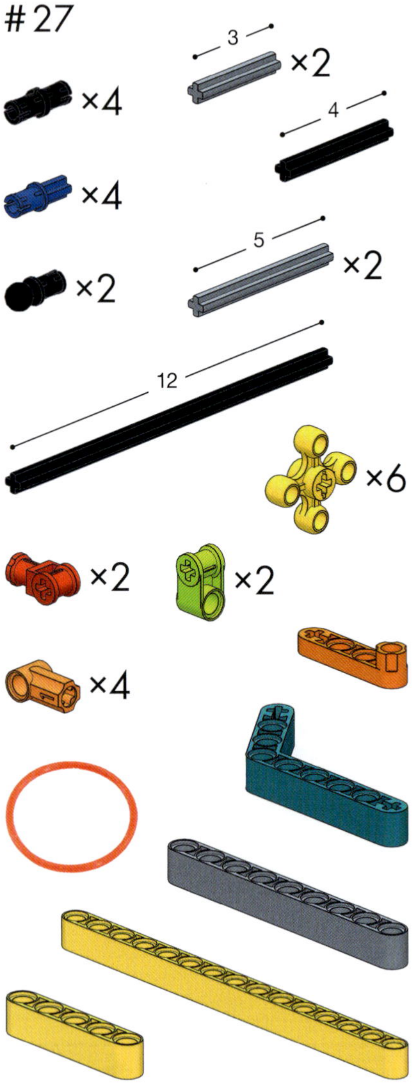

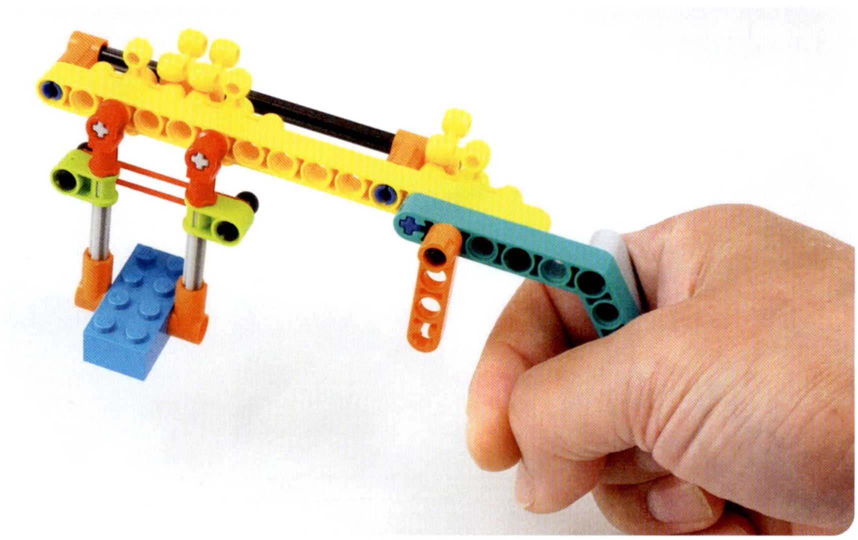

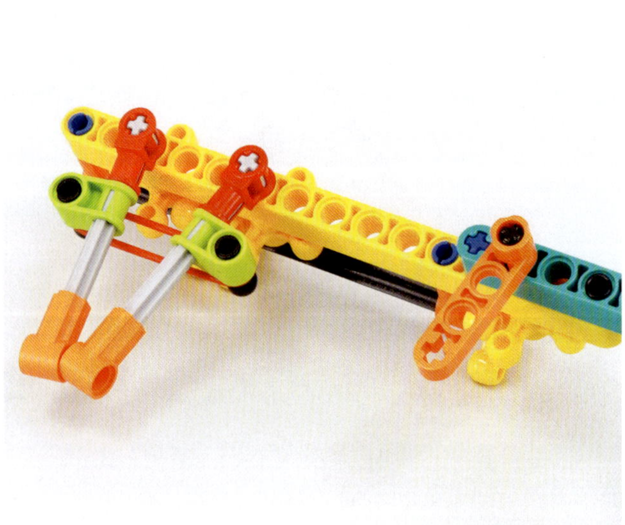

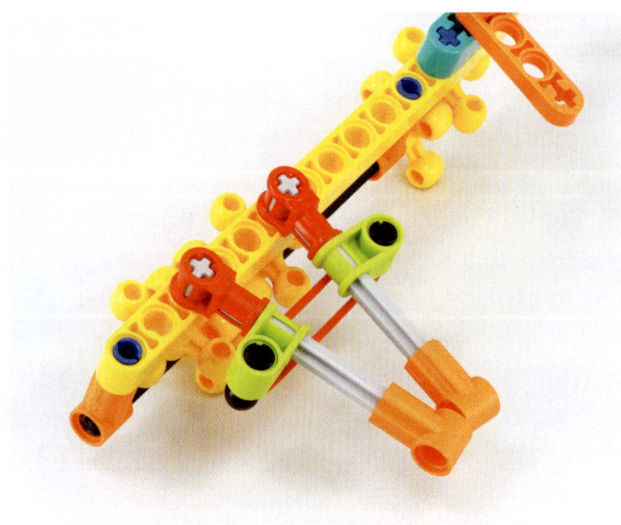

28

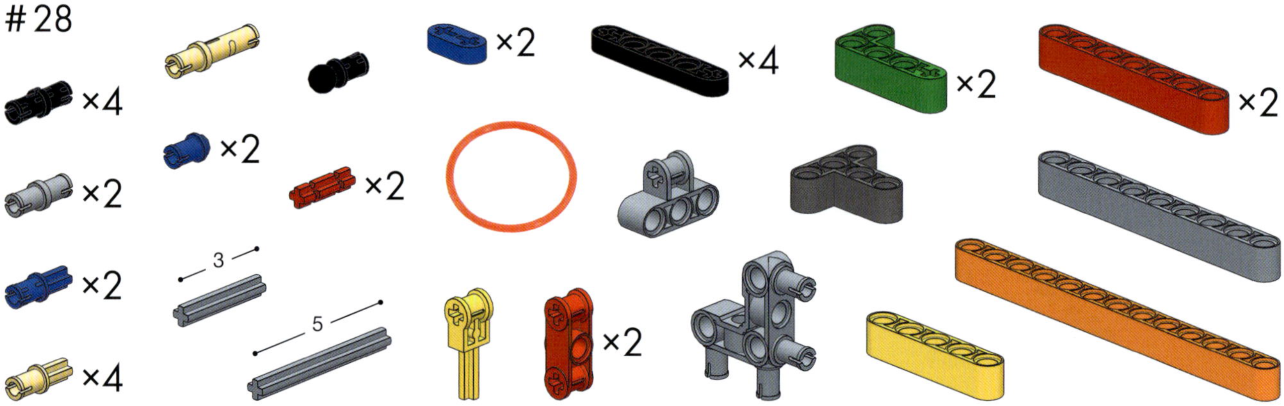

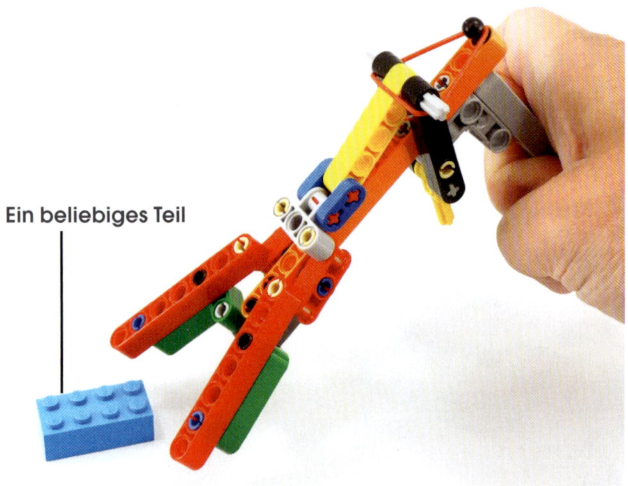

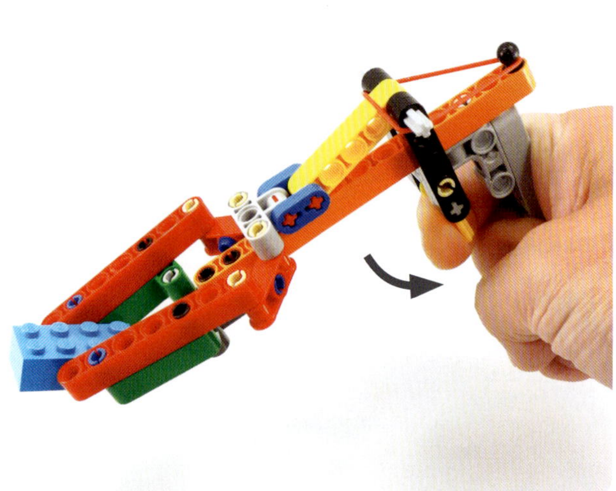

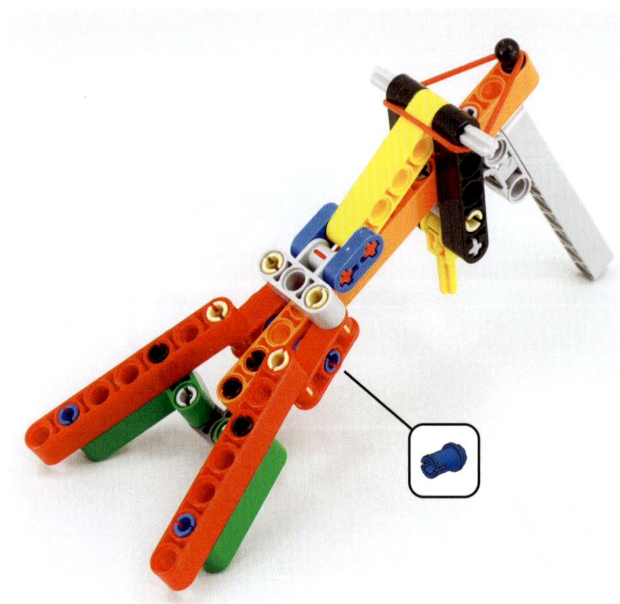

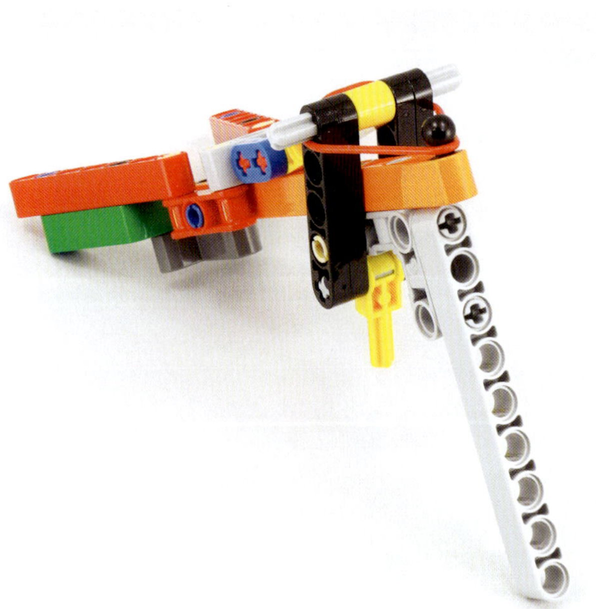

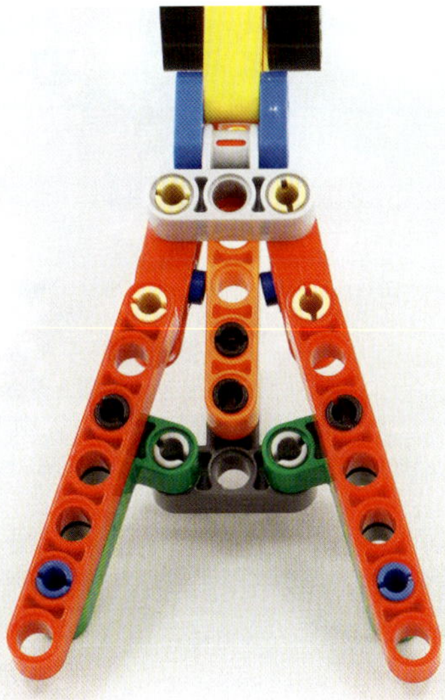

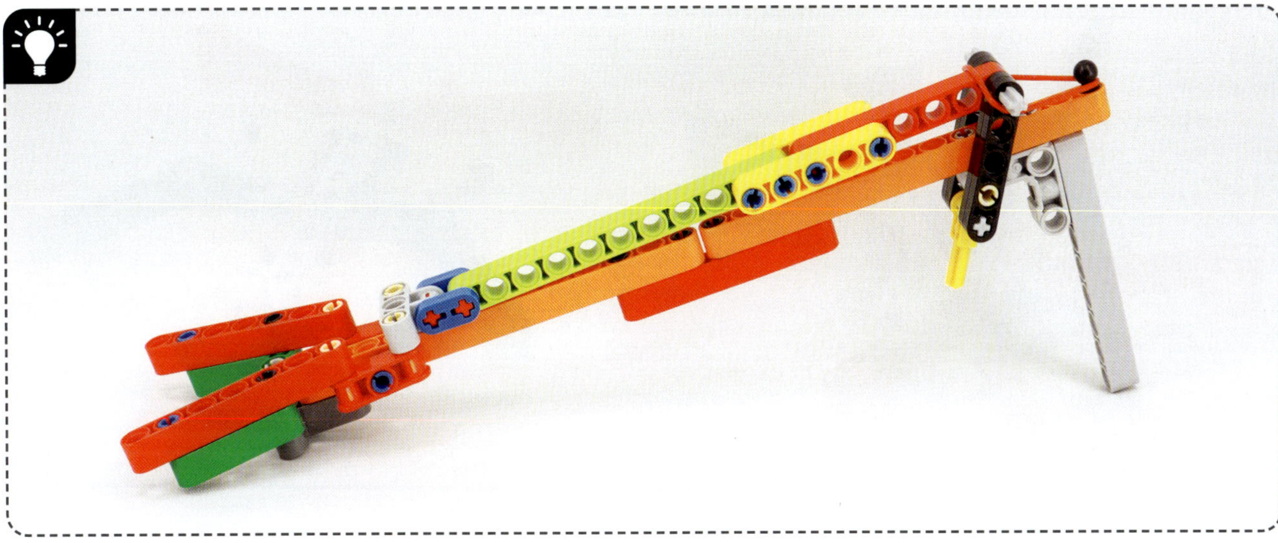

#29

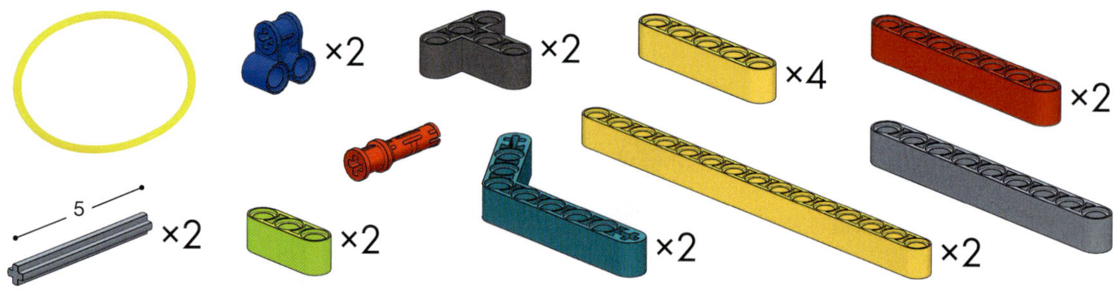

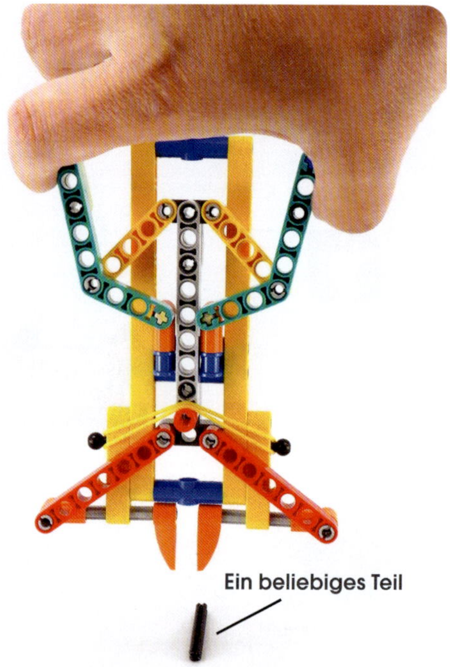

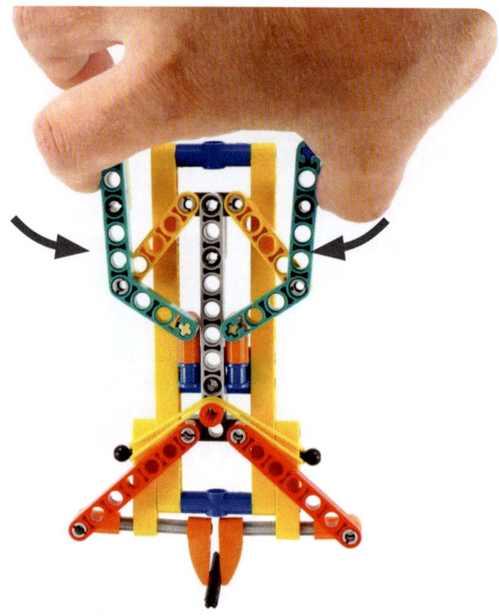

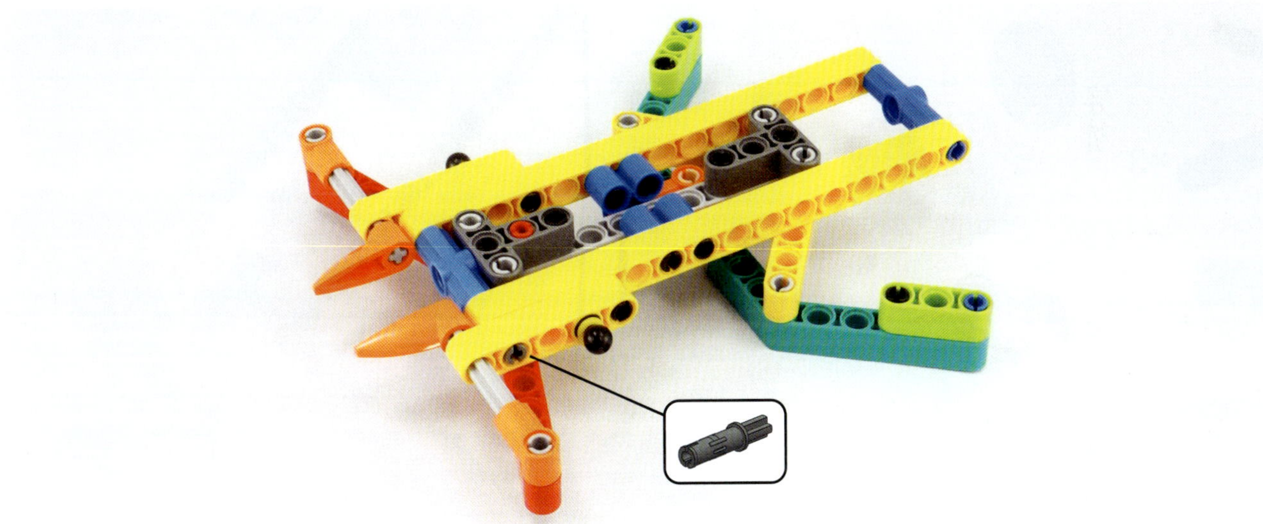

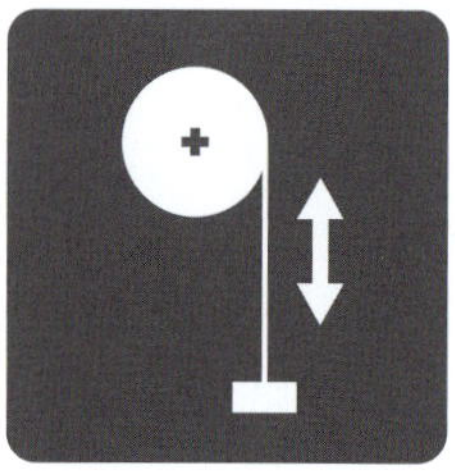

Seilwinden

#30

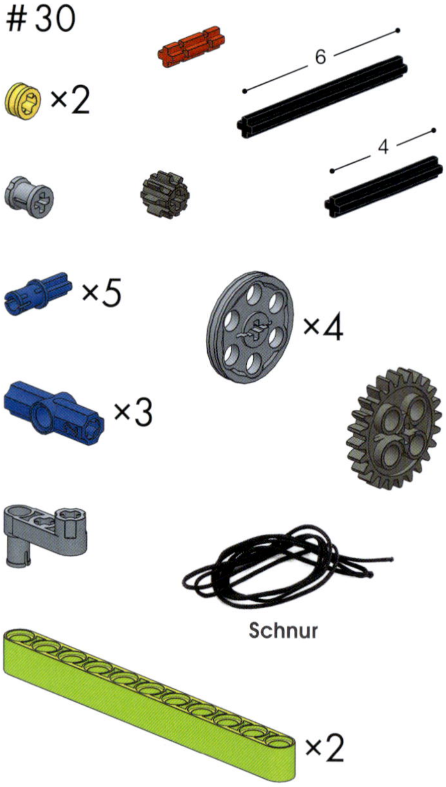

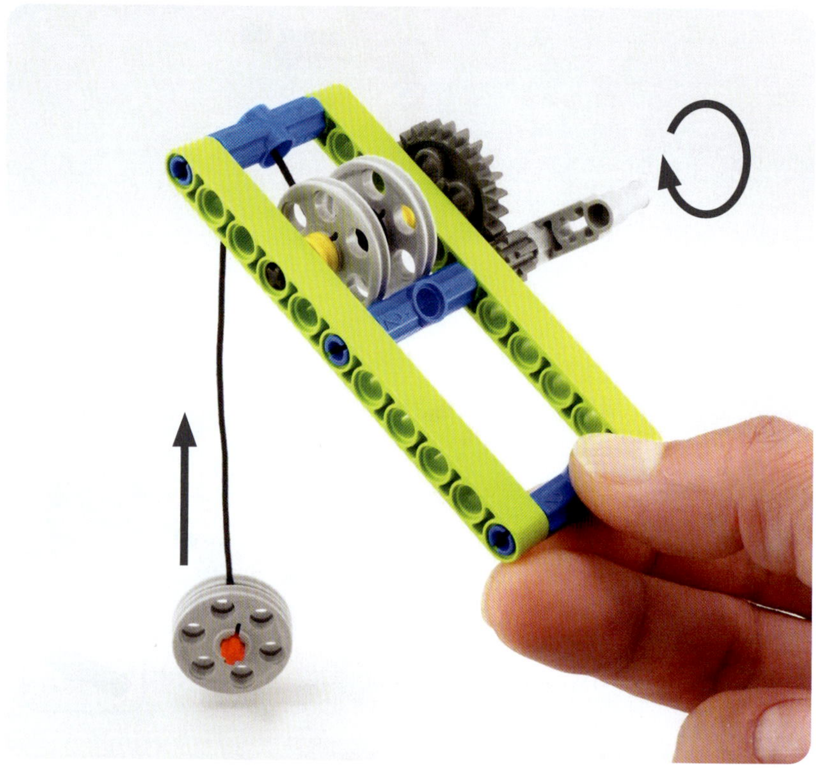

Verwende Verbindungsstücke mit Reibung, um Bewegungen zu verlangsamen.

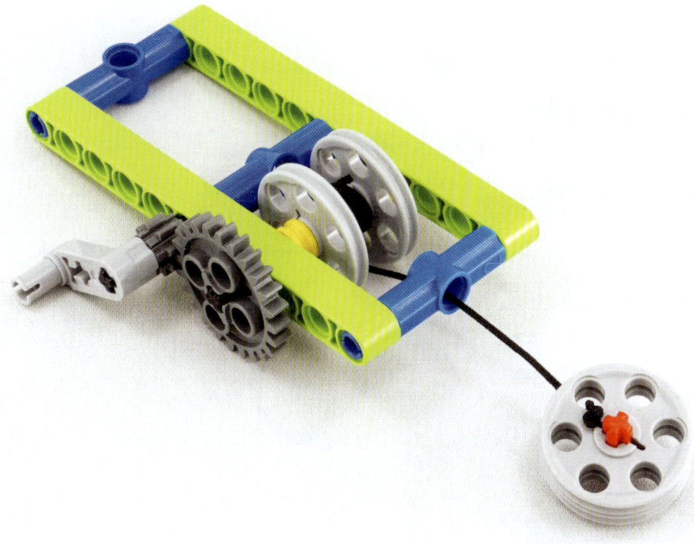

31

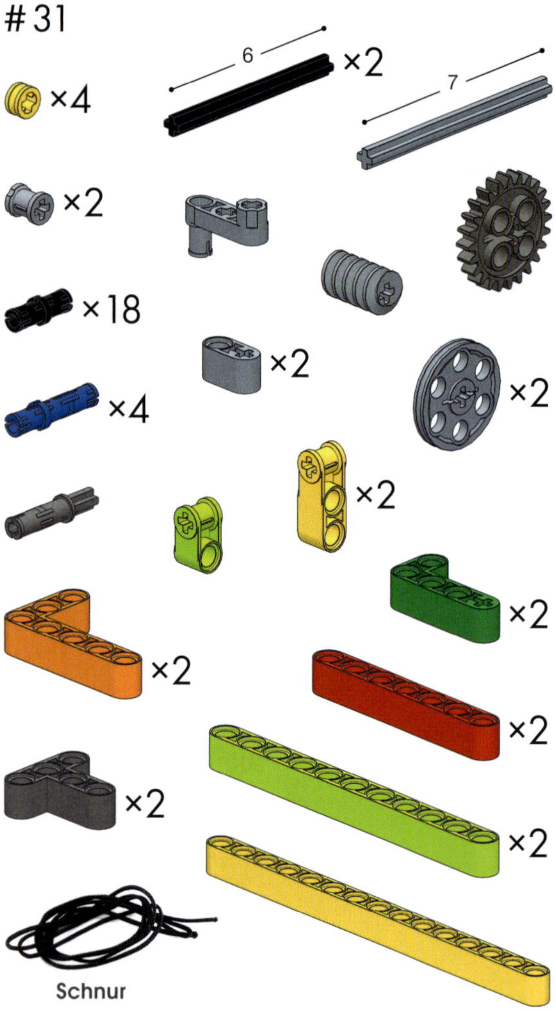

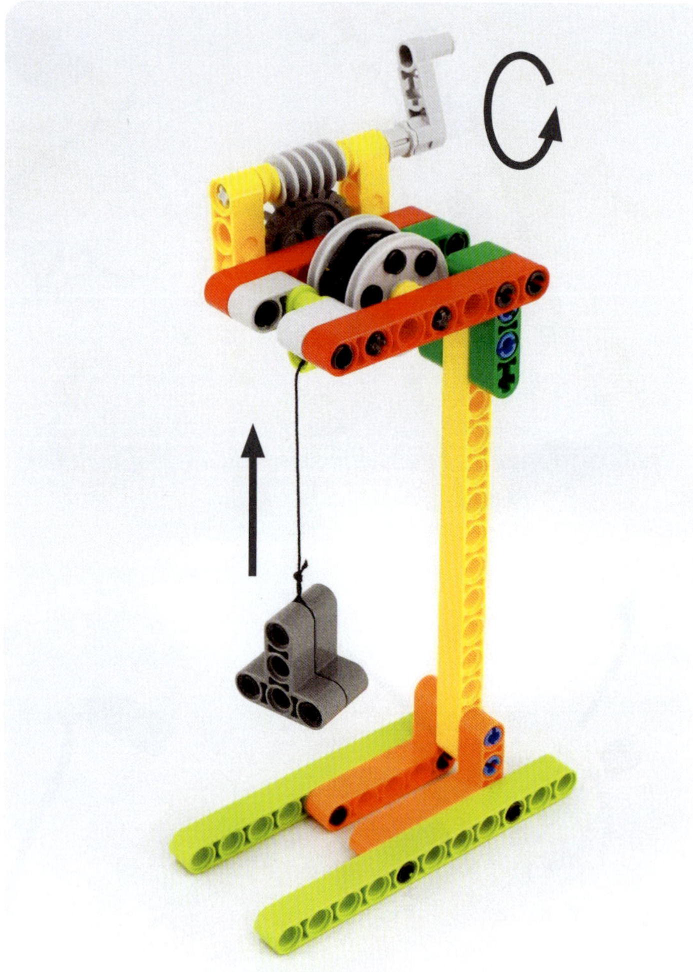

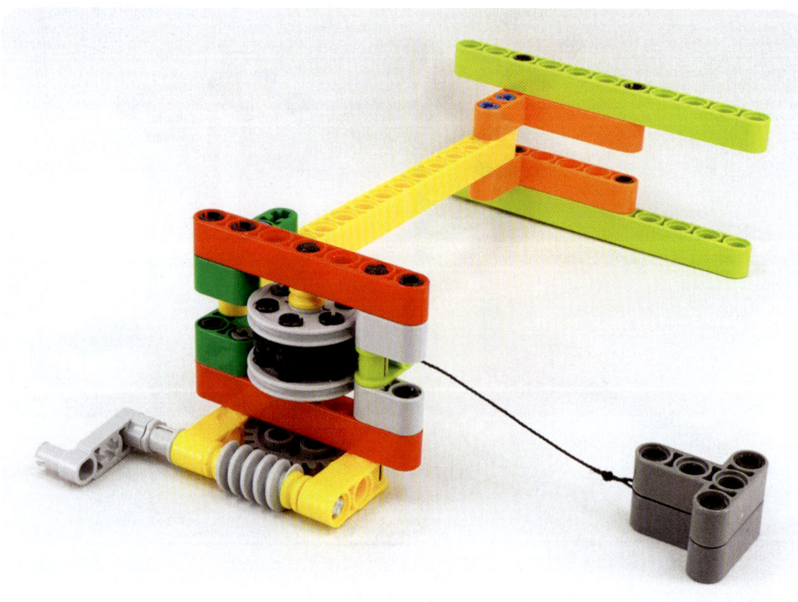

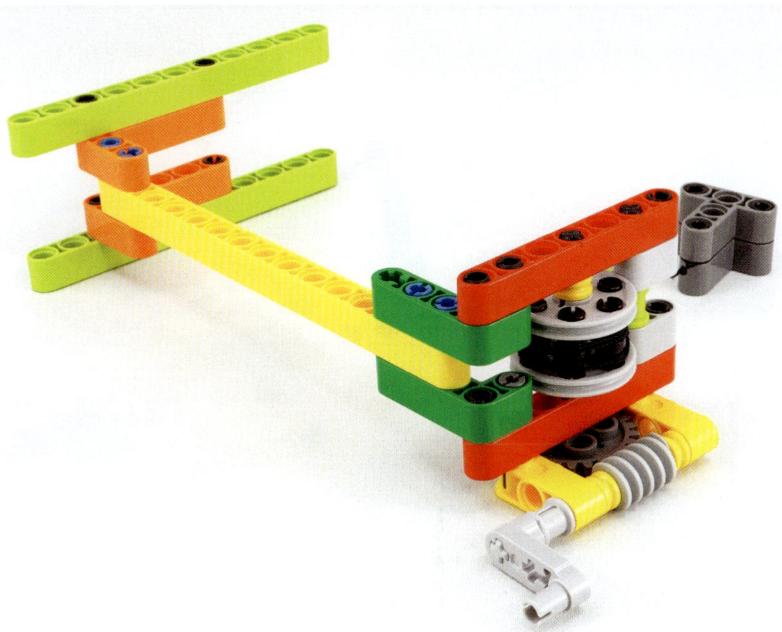

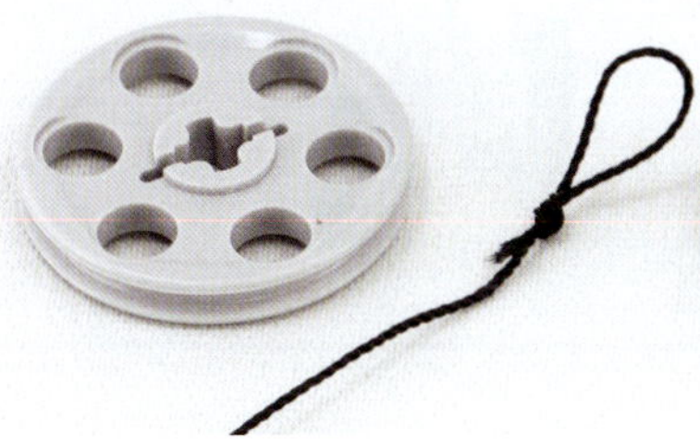

32

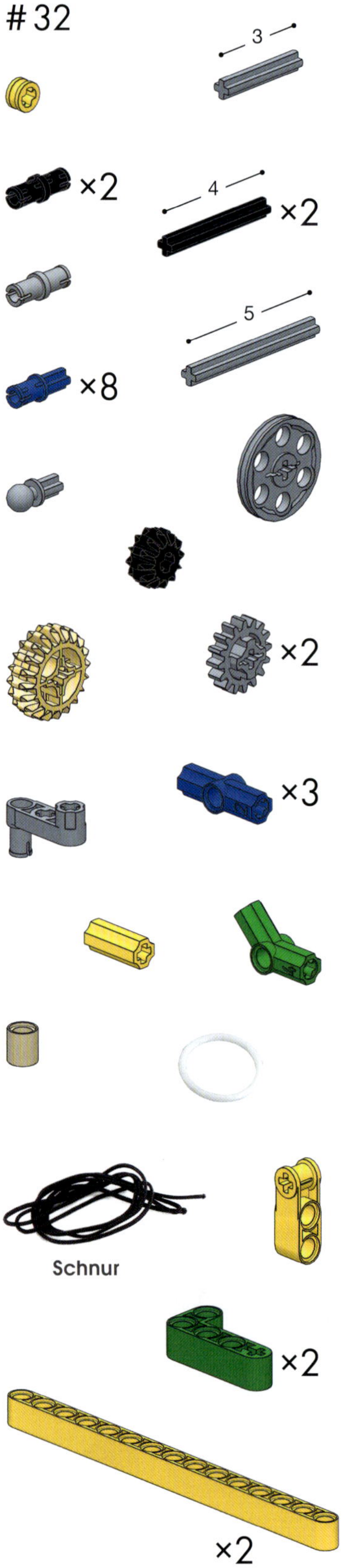

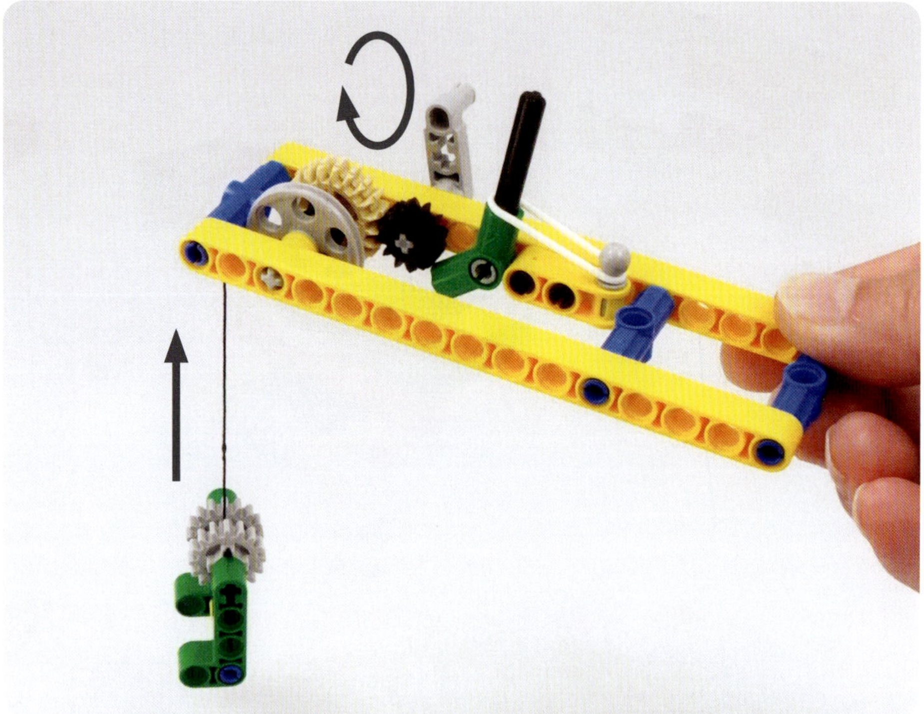

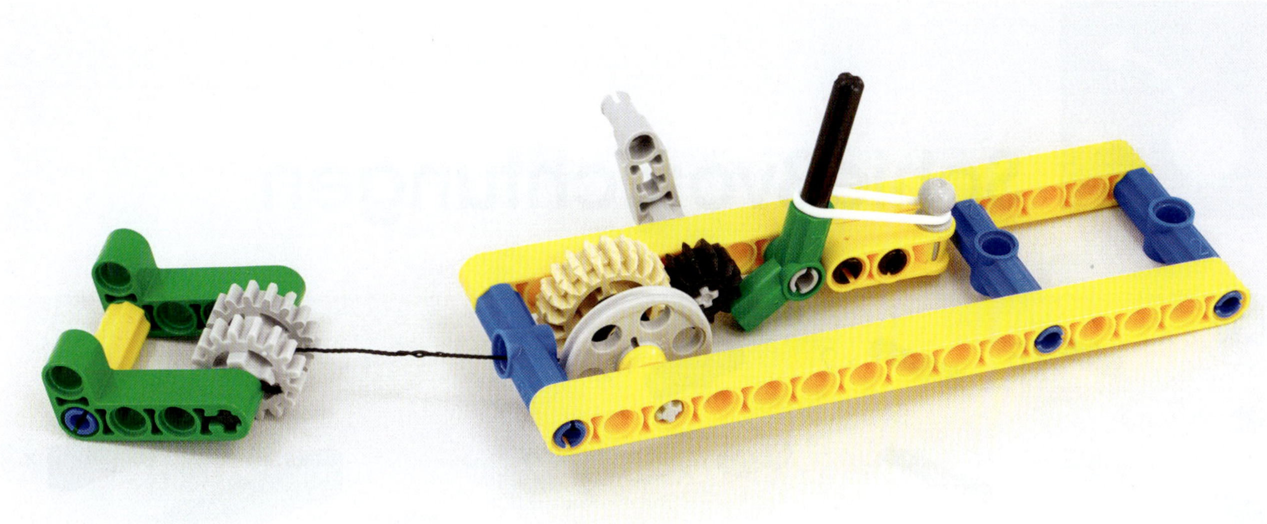

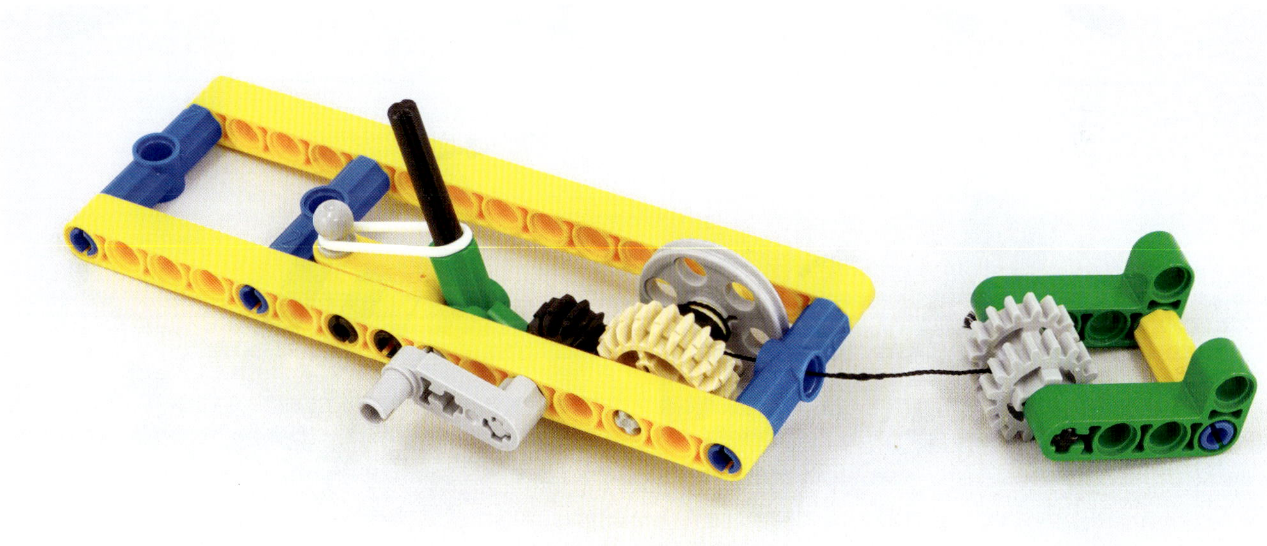

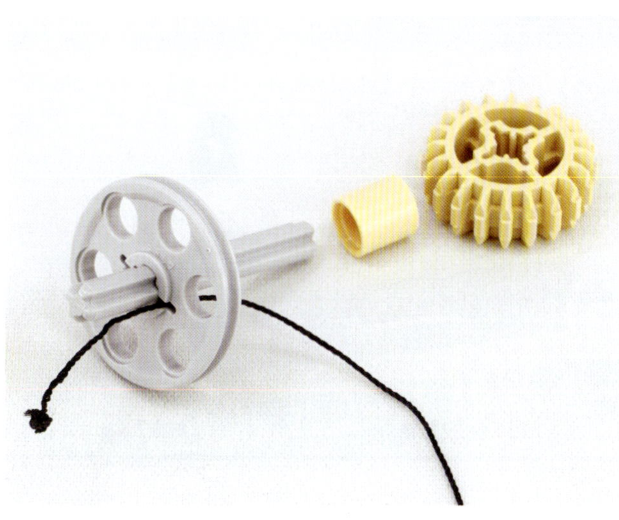

Schießvorrichtungen

#33

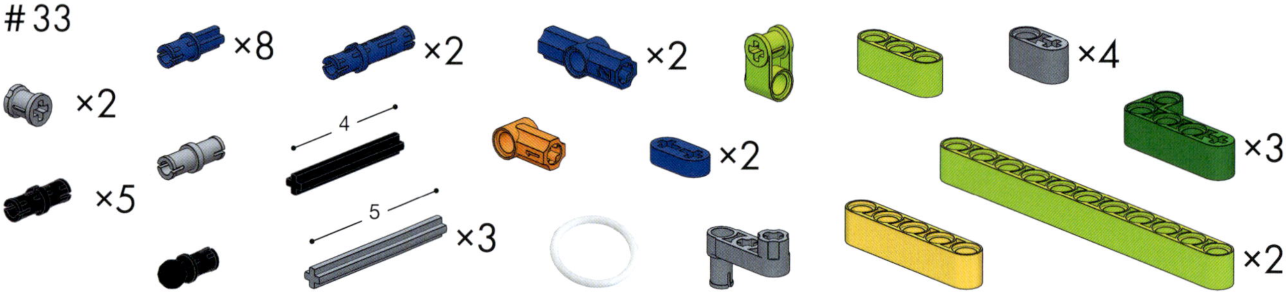

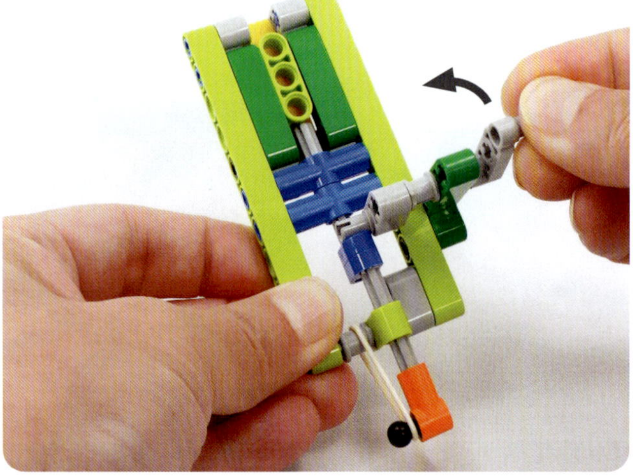

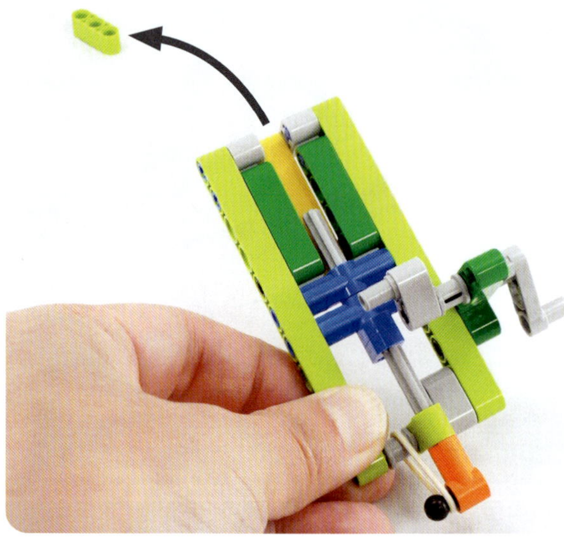

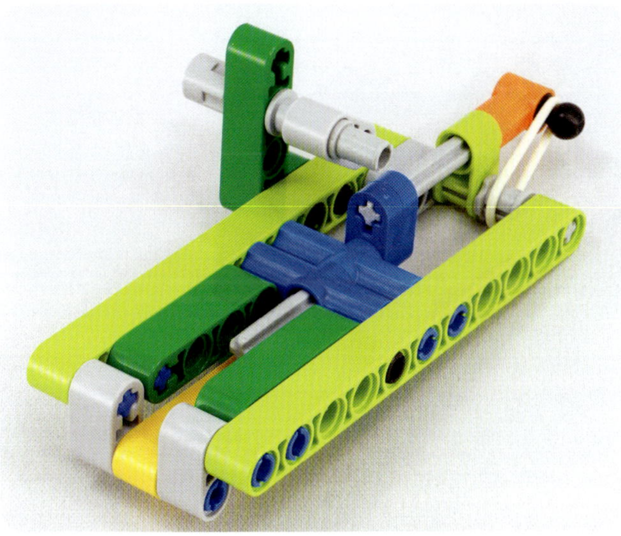

#34

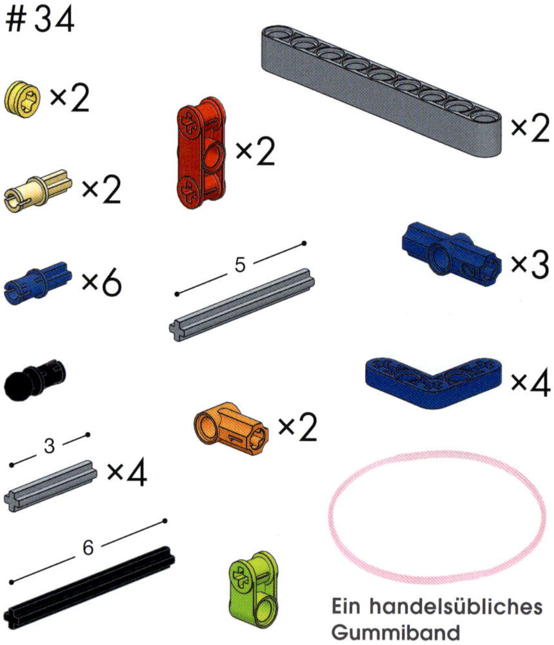

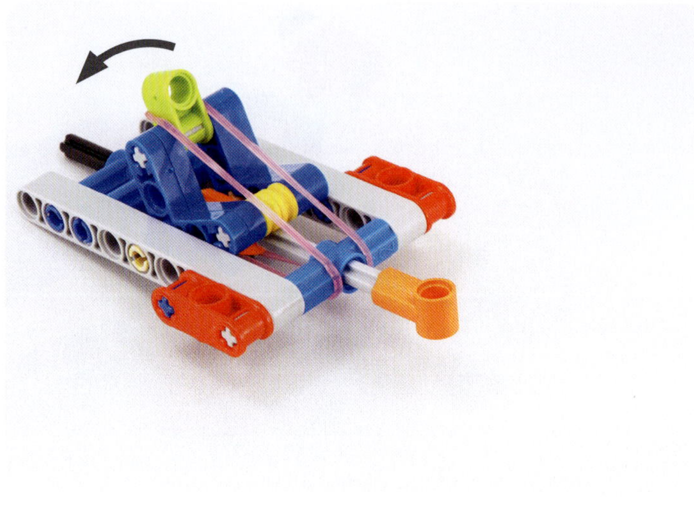

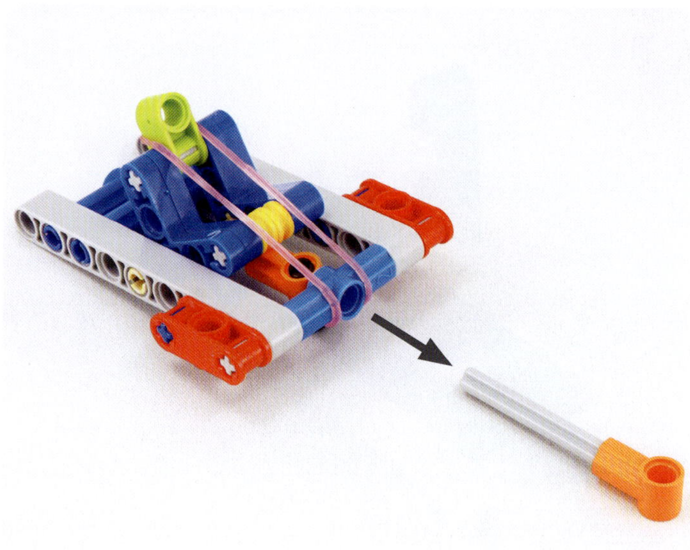

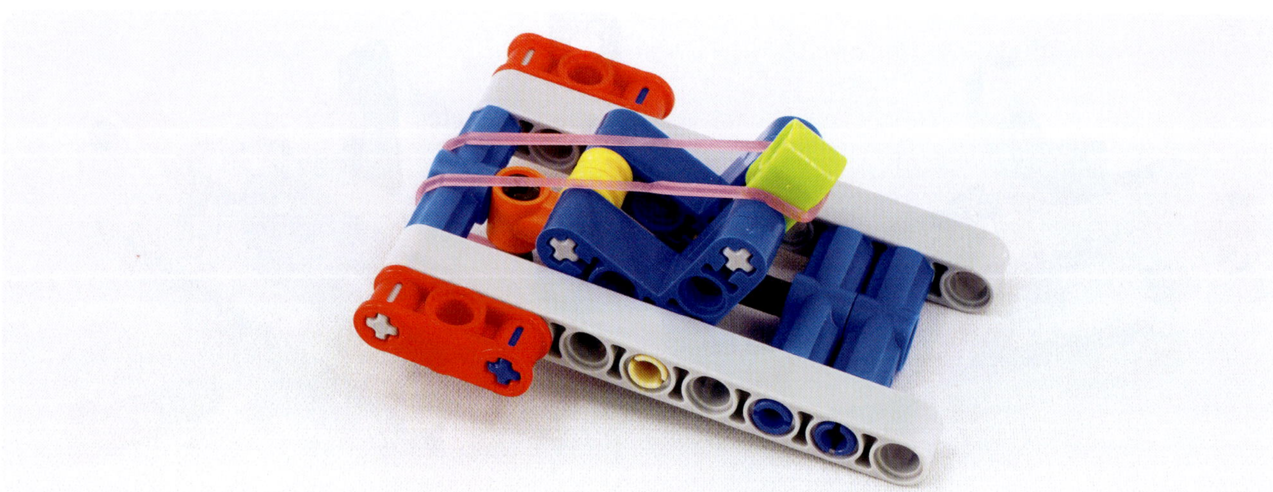

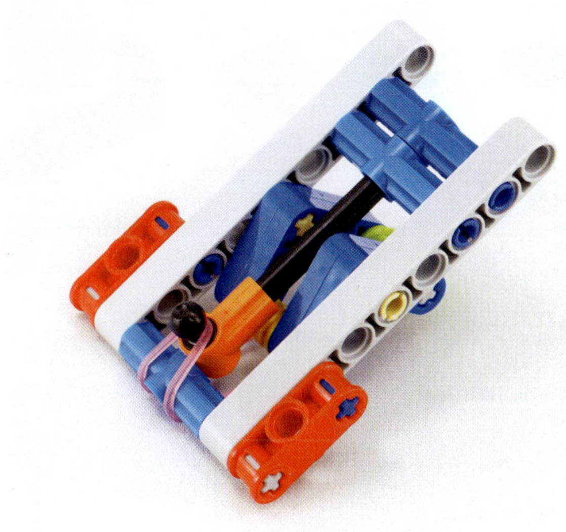

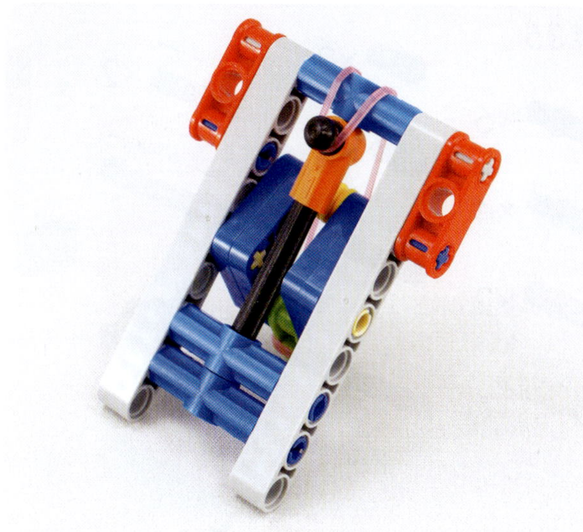

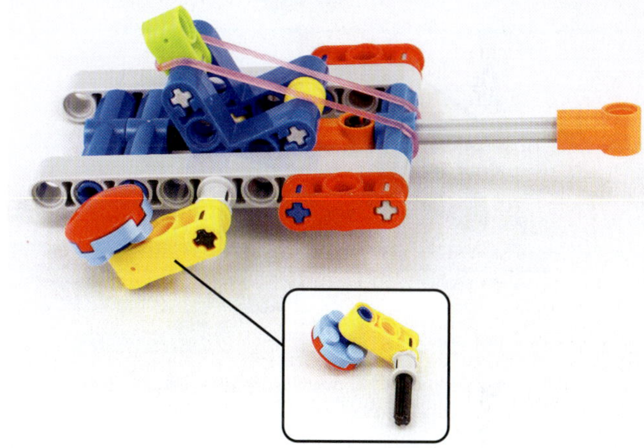

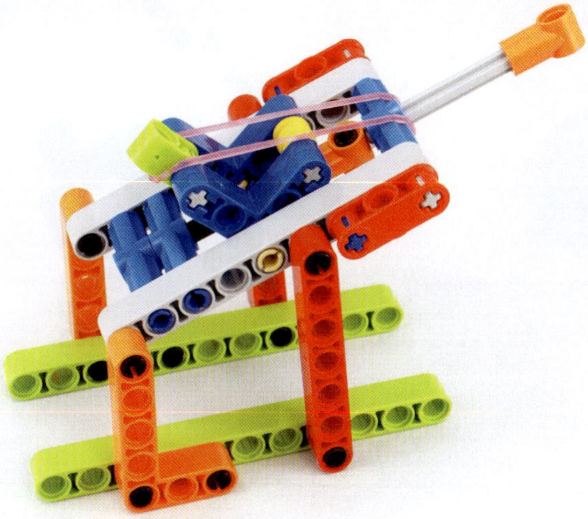

#35

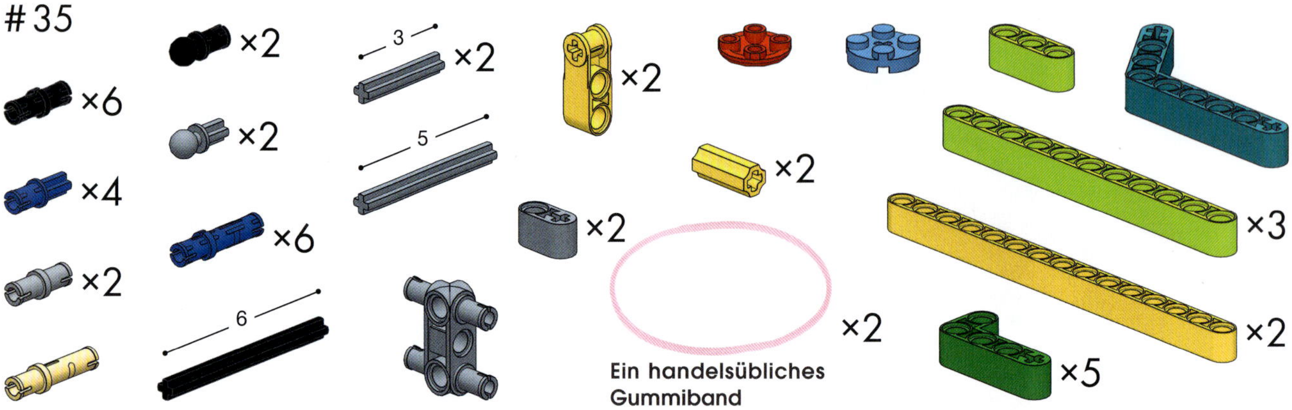

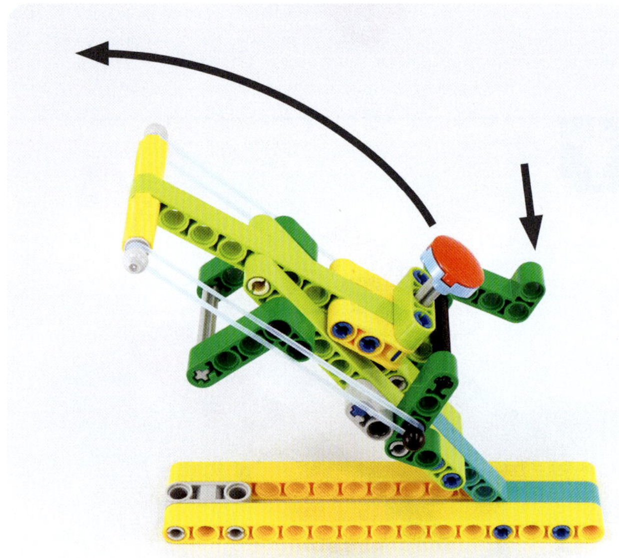

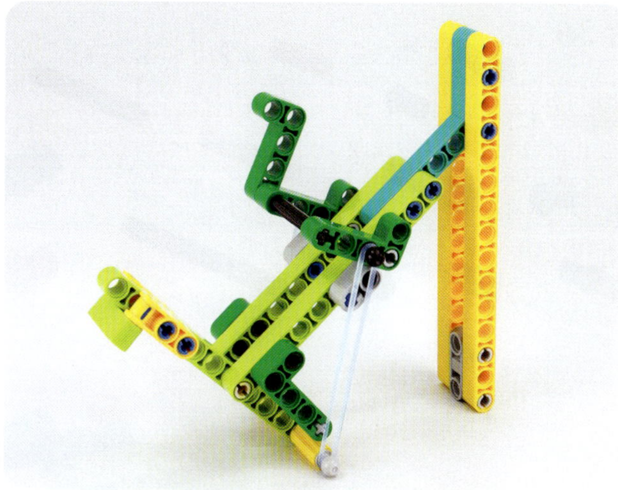

#36

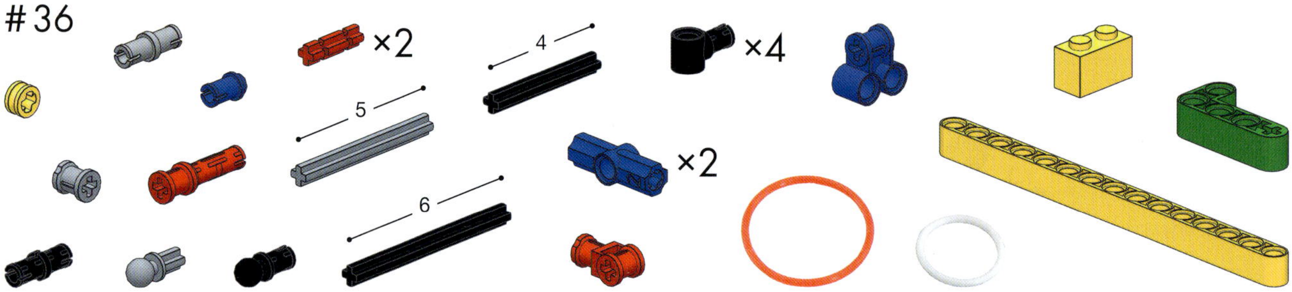

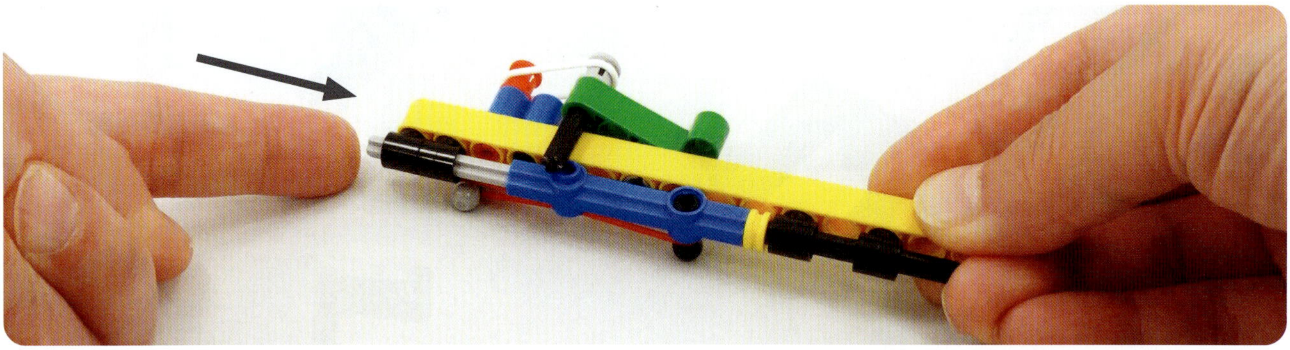

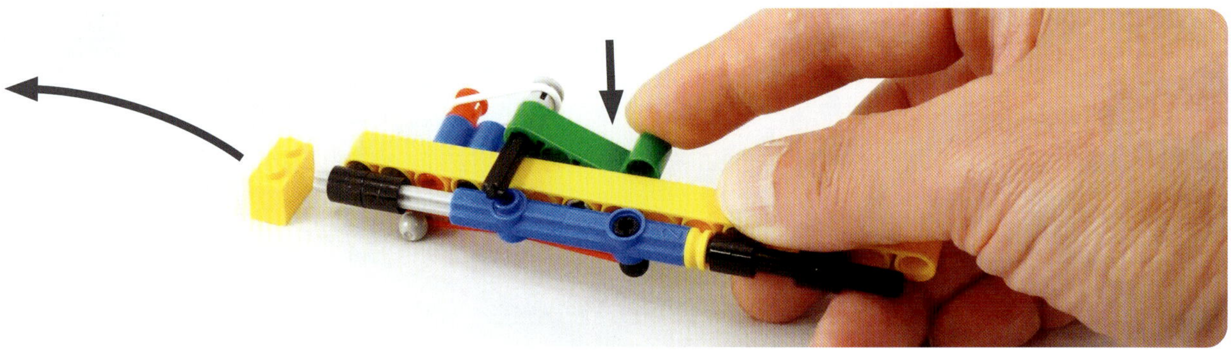

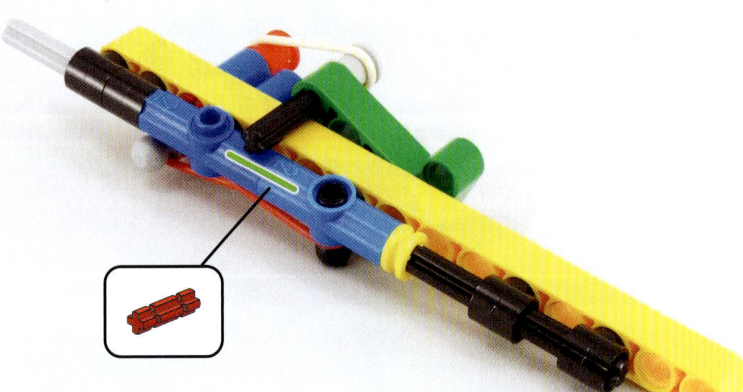

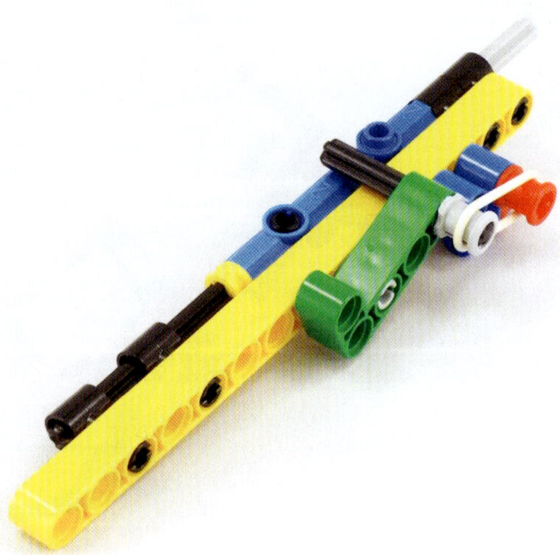

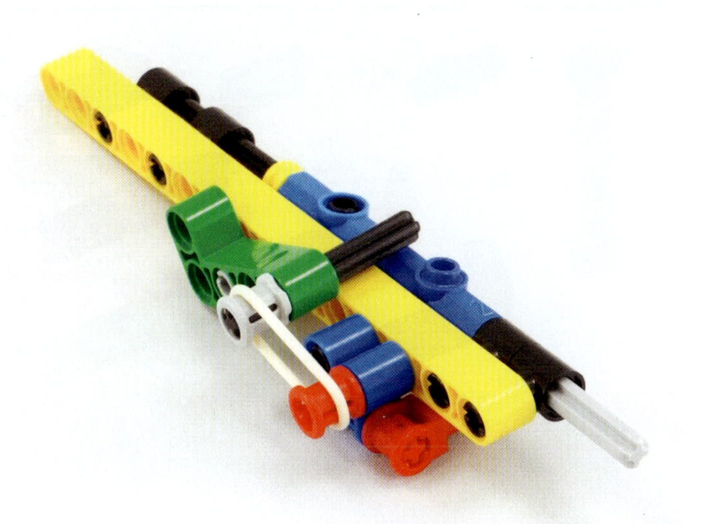

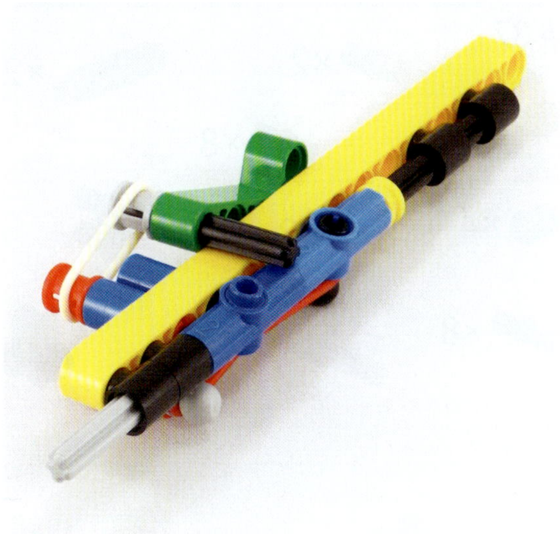

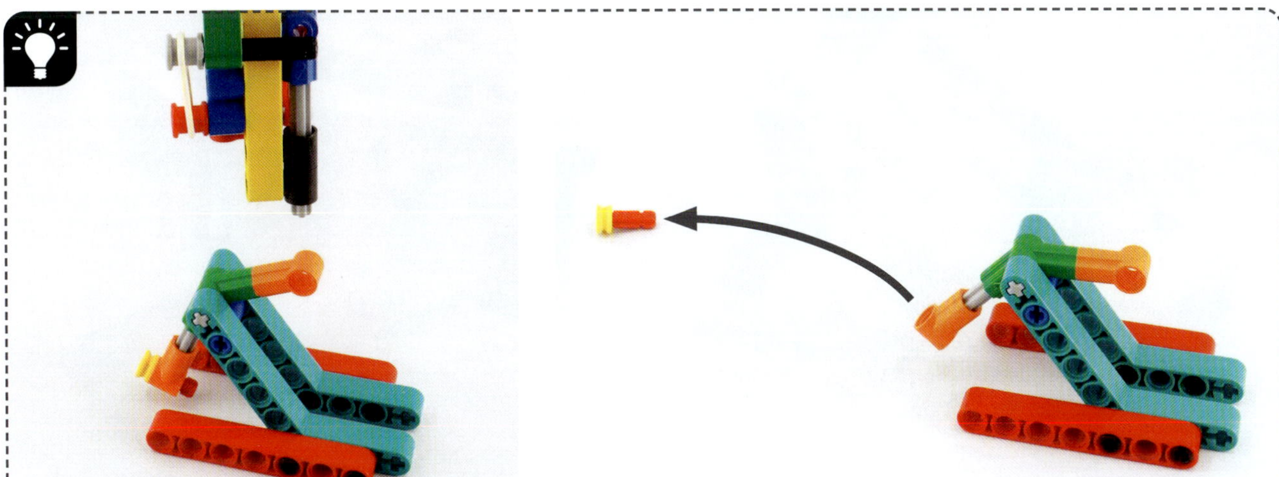

37

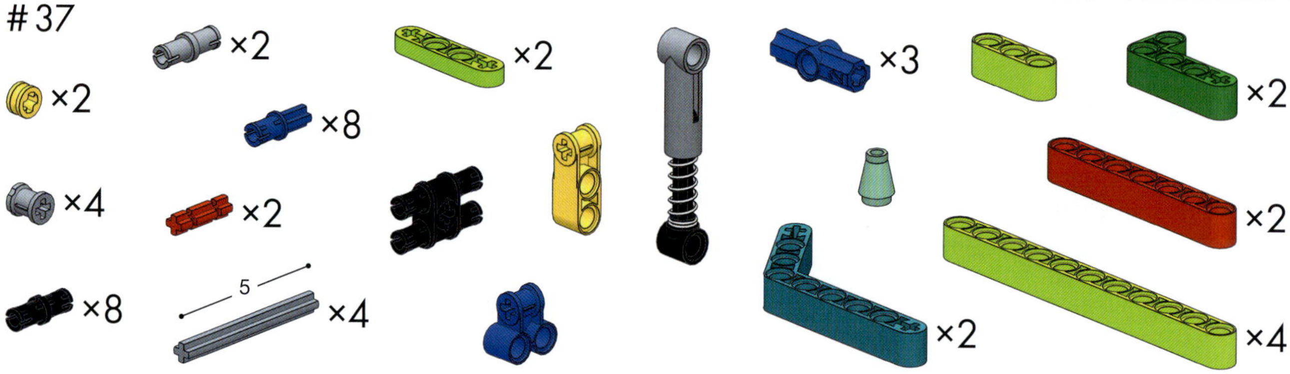

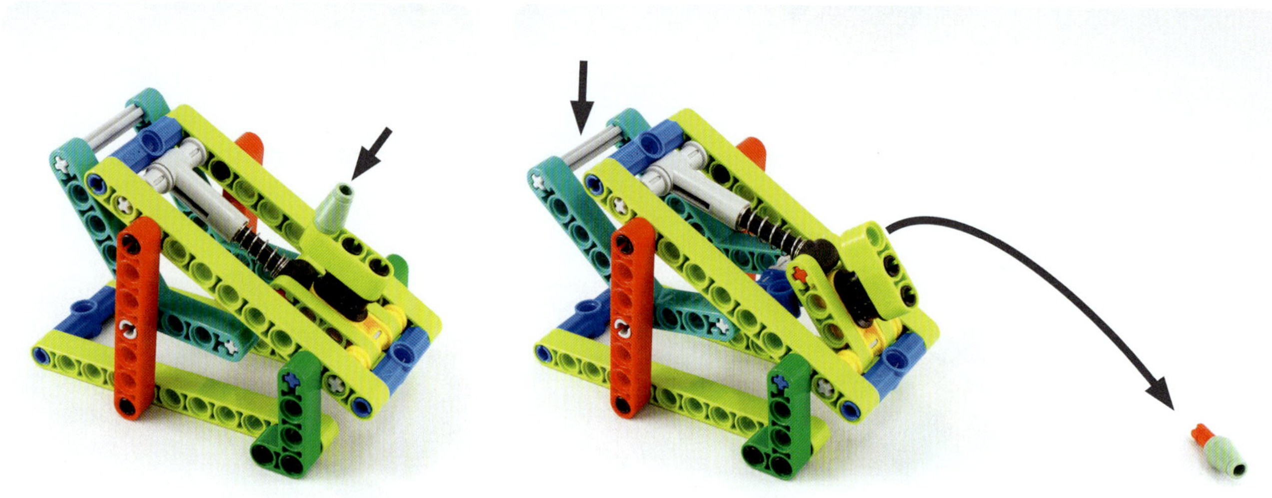

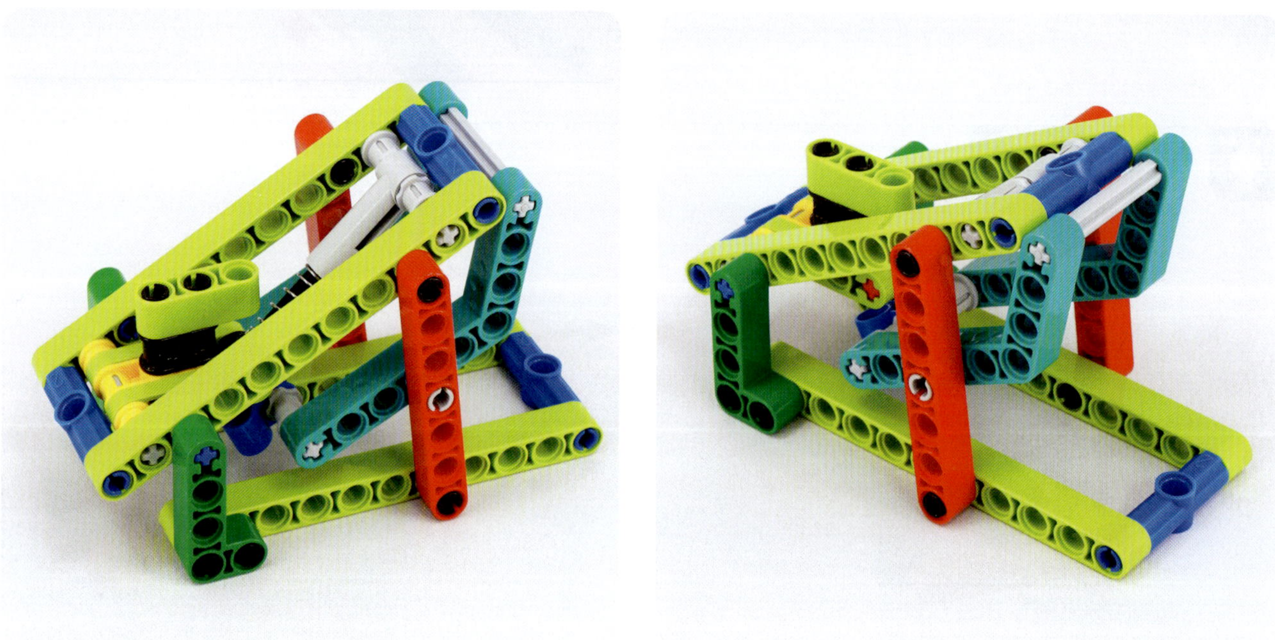

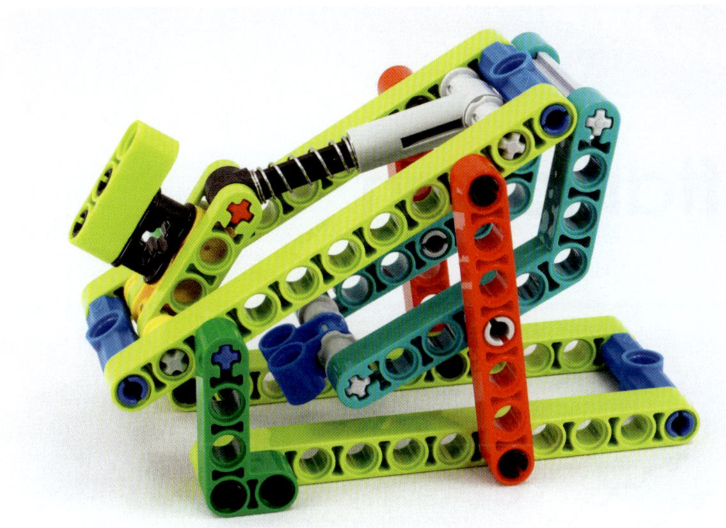

Windkraftanlagen

38

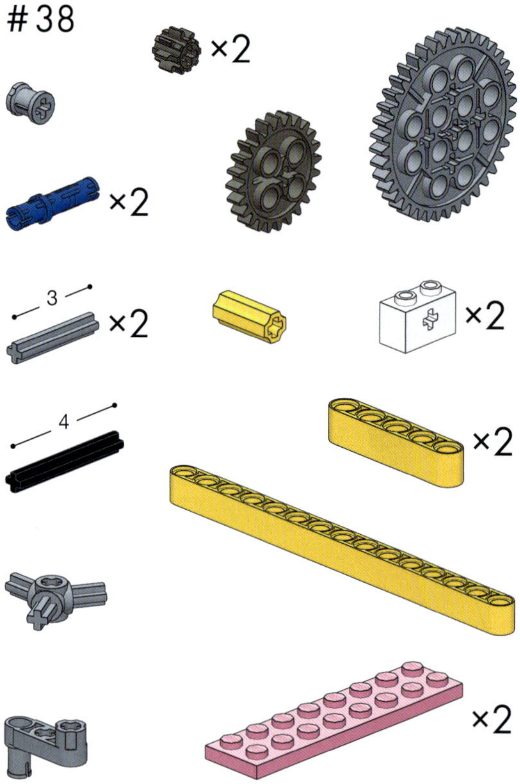

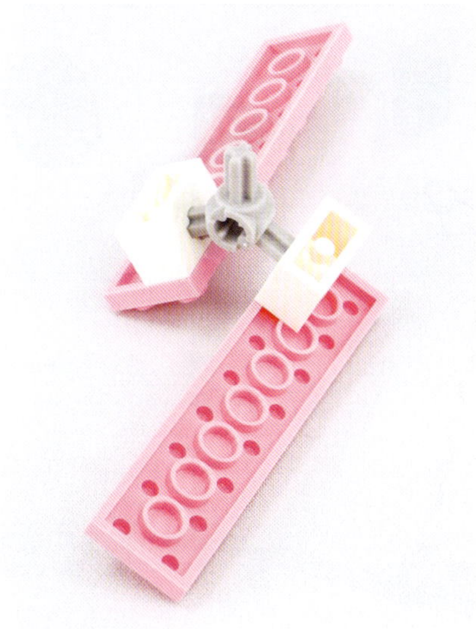

39

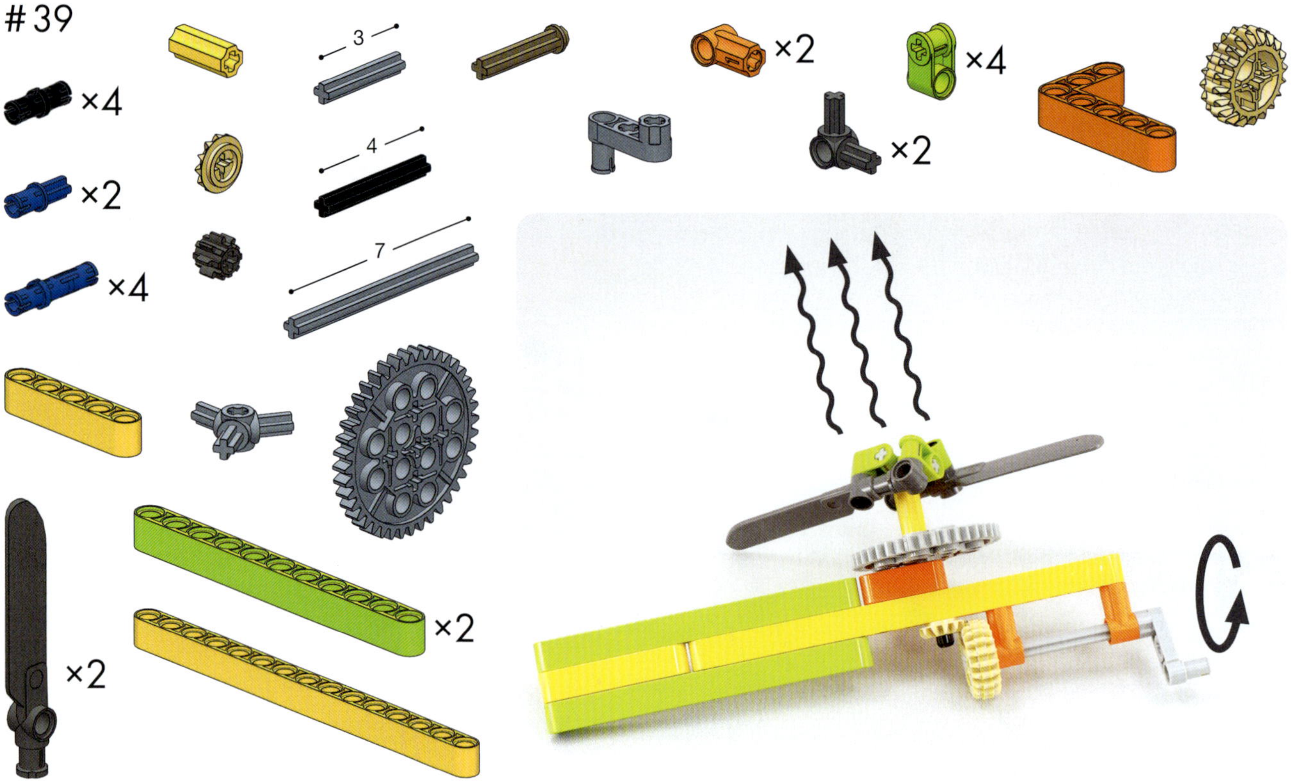

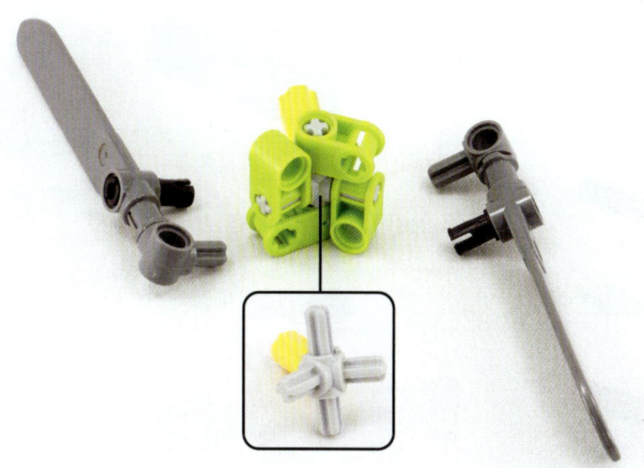

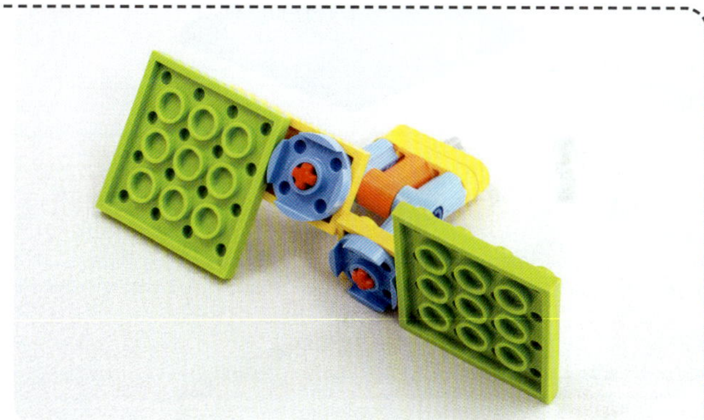

40

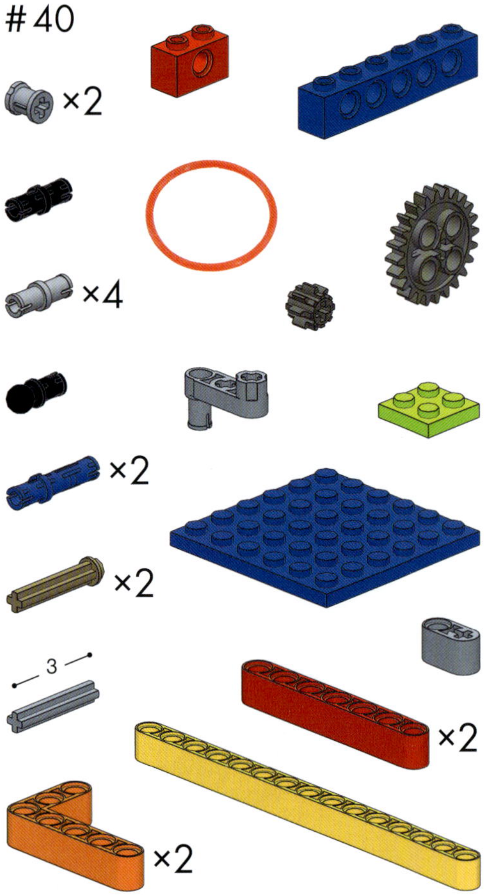

41

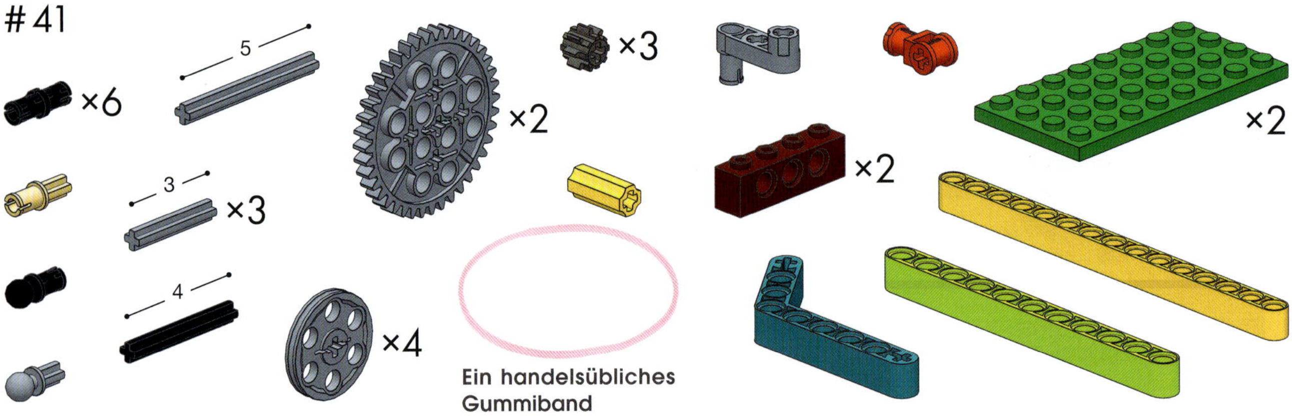

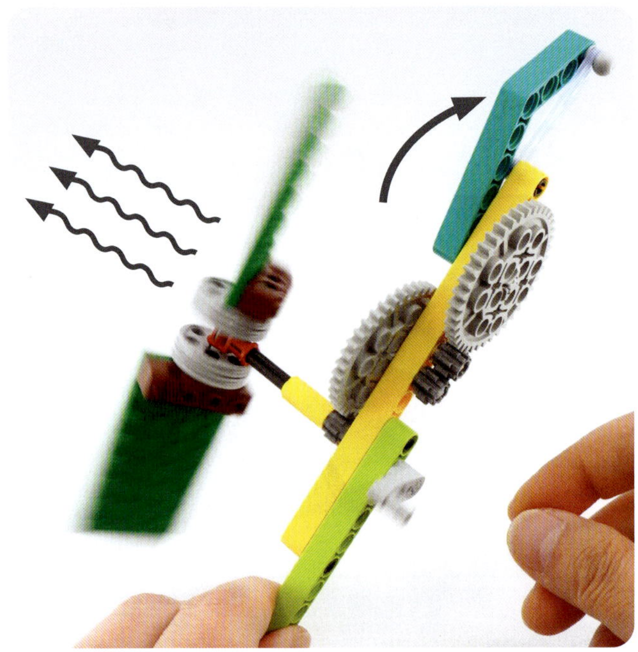

Drehe den Griff nicht zu schnell, denn die Flügel des Ventilators können leicht abfallen.

Kreisel

#42

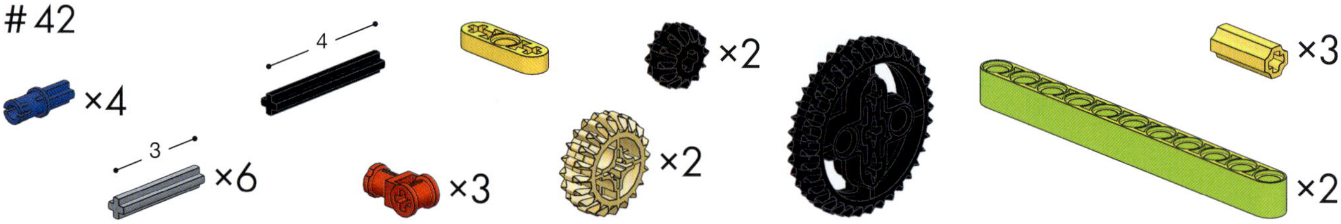
×4
4
3
×6
×3
×2
×2
×2
×3
×2

Drehe den Griff und
ziehe dann den
1×11 Liftarm gerade
nach oben.

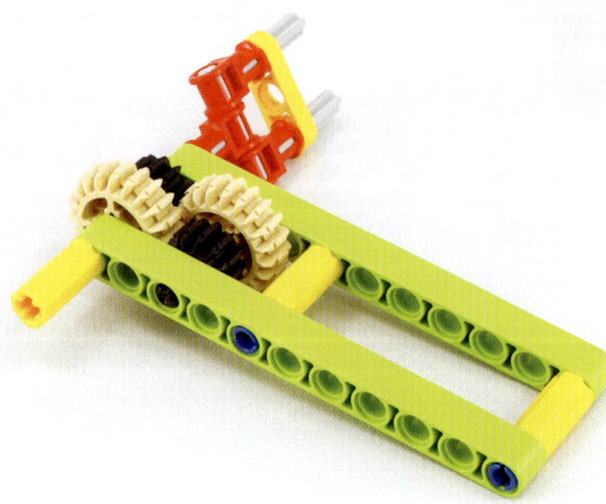

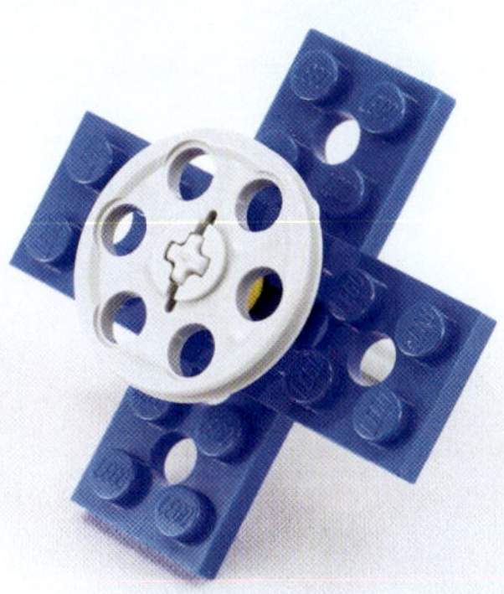

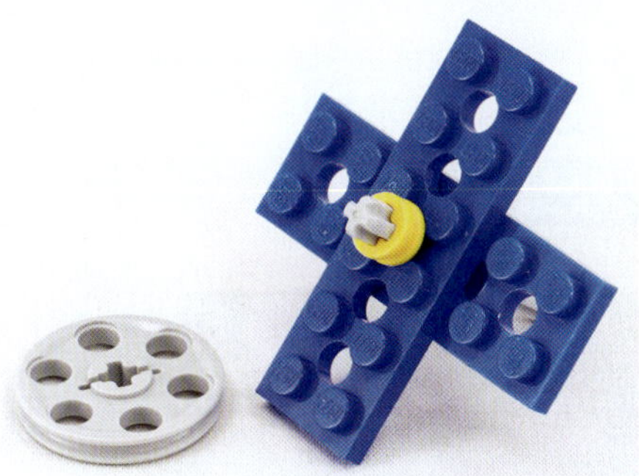

43

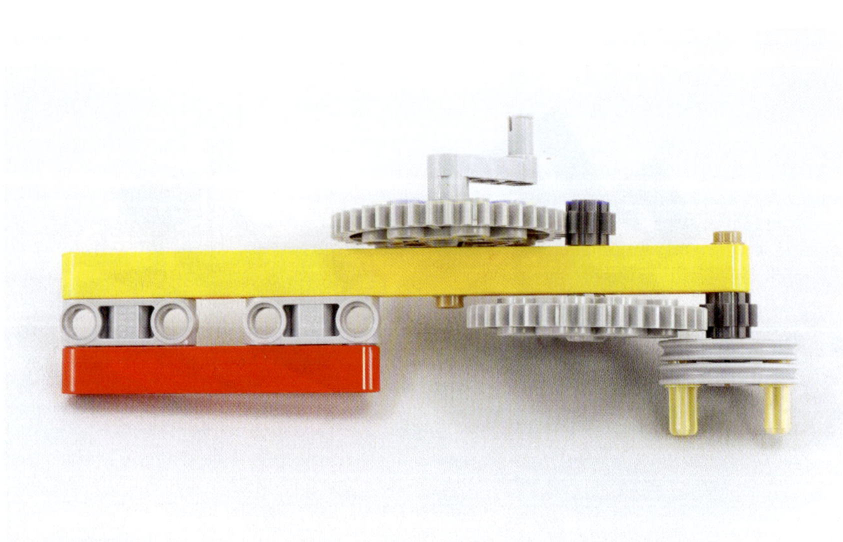

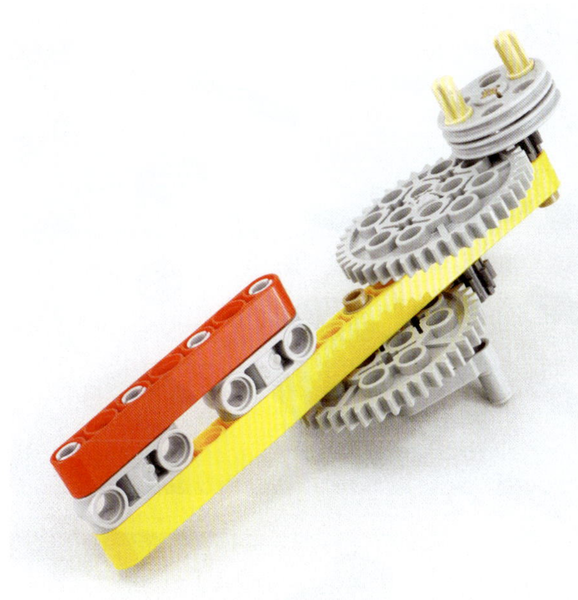

#44

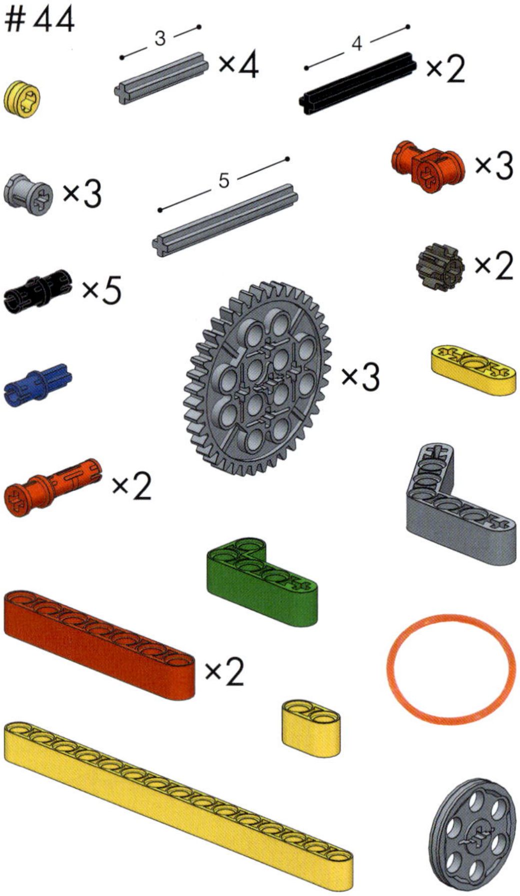

Drücke die Griffe zusammen und ziehe das Modell gerade nach oben.

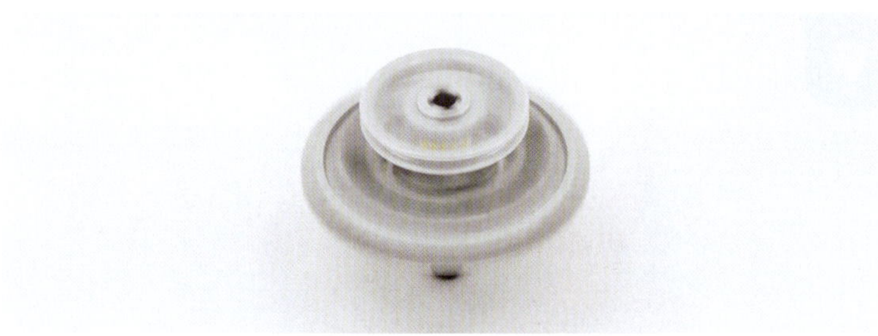

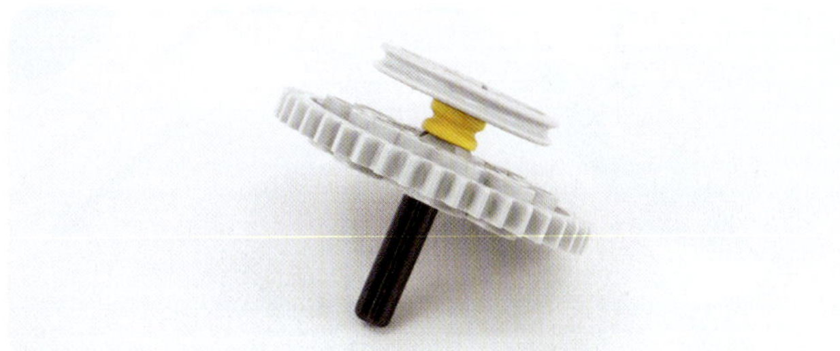

#45

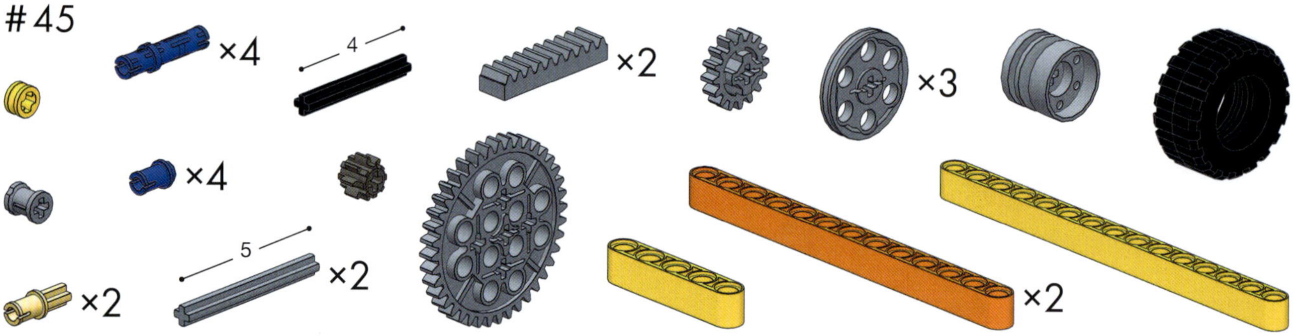

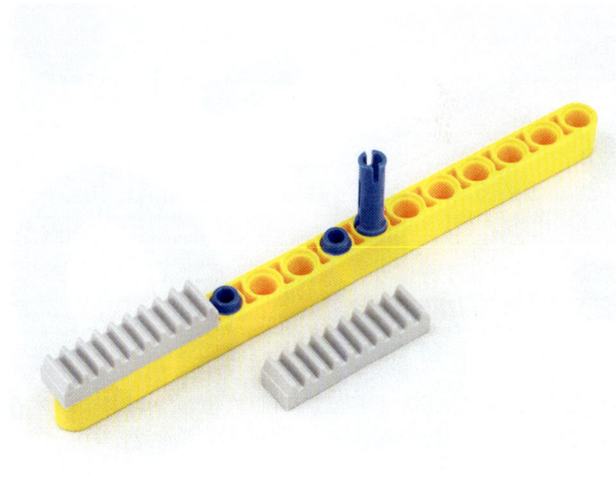

#46

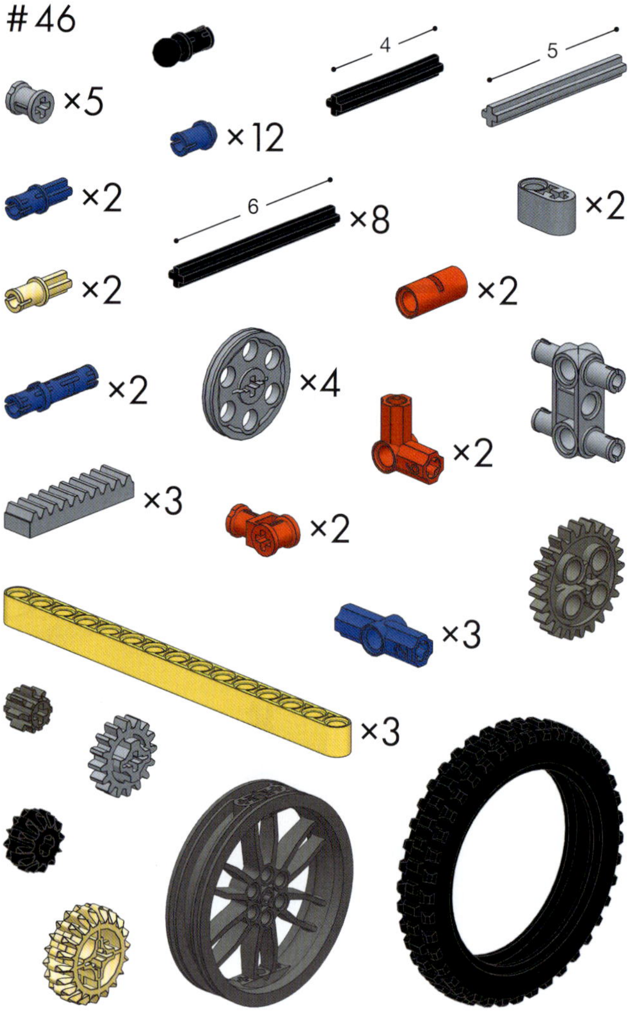

1. Füge einen 1×15 Liftarm ein.

2. Bringe den Kreisel in Stellung.

3. Zieh den Liftarm heraus und dreh den Kreisel.

4. Halte den Kreisel am Rahmen.

5. Jetzt balanciere den Kreisel auf deinem Finger.

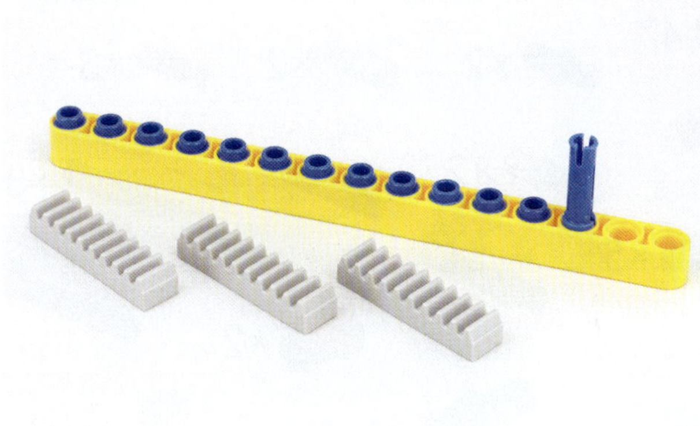

47

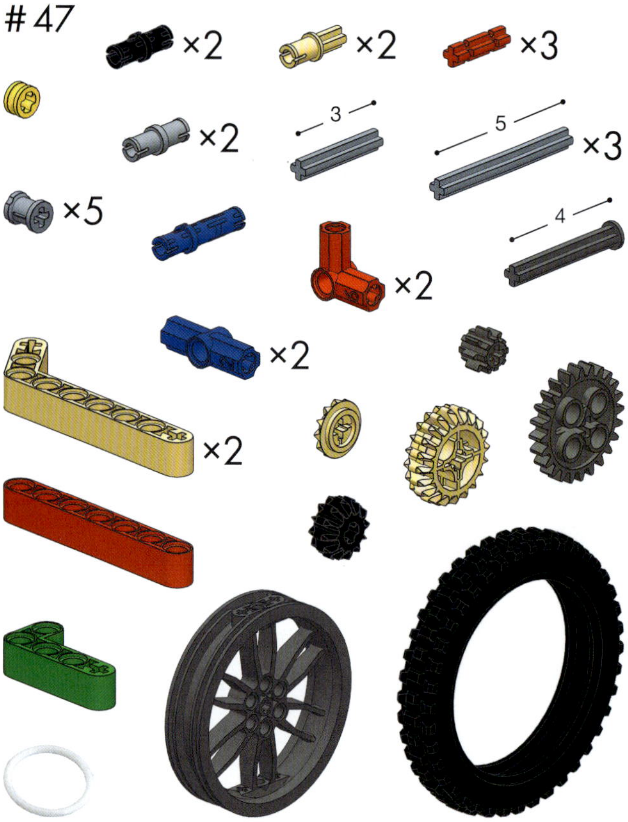

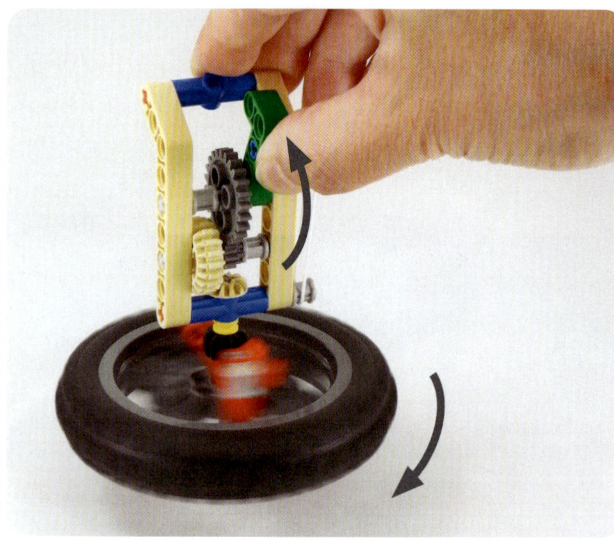

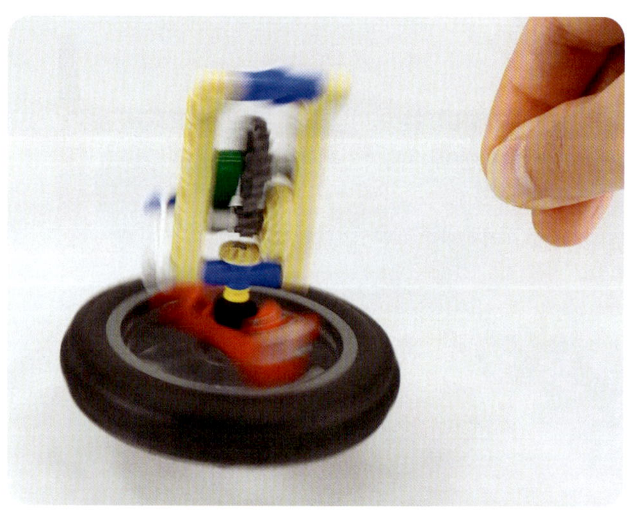

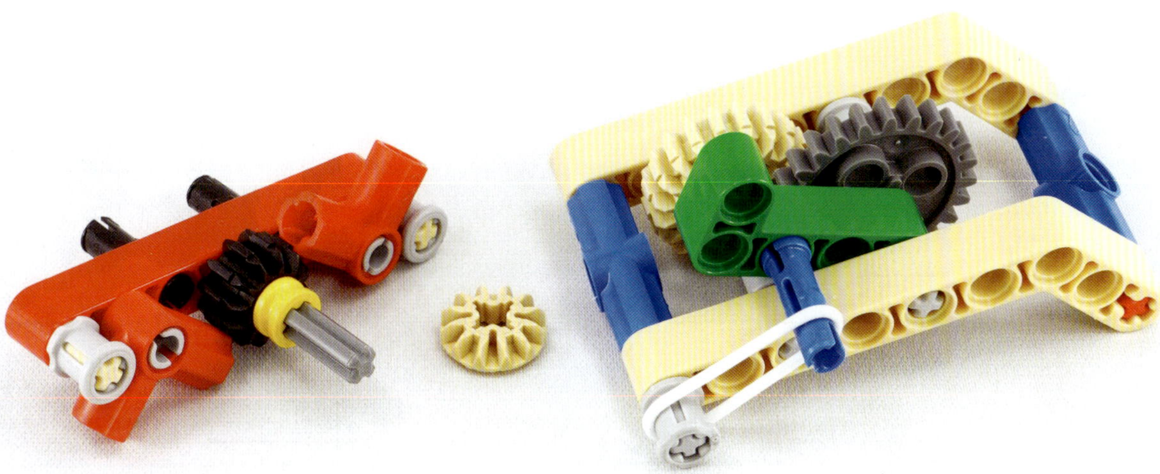

Zeichengeräte

#48

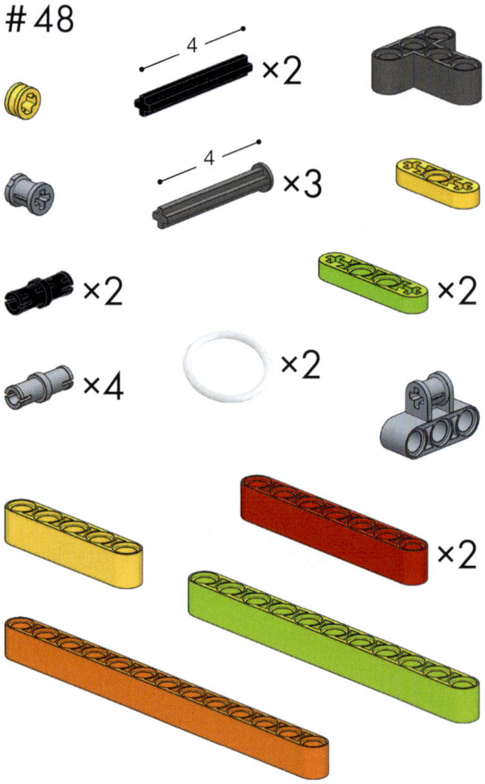

Suche dir ein Bild aus, das du nachzeichnen möchtest.

1. Halte den 1×5 Liftarm mit deiner Hand fest.

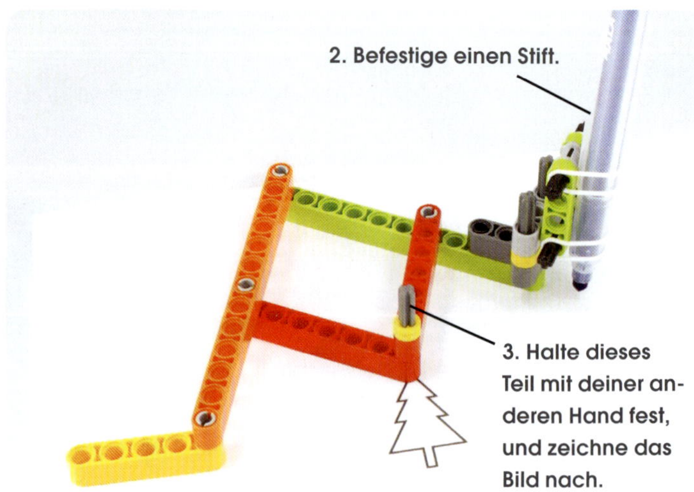

2. Befestige einen Stift.

3. Halte dieses Teil mit deiner anderen Hand fest, und zeichne das Bild nach.

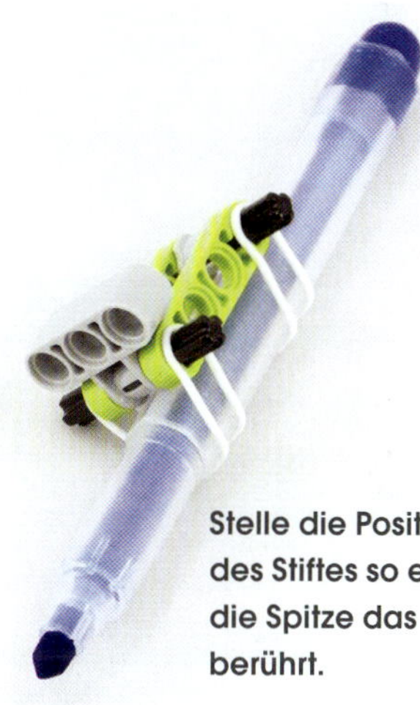

Stelle die Position des Stiftes so ein, dass die Spitze das Papier berührt.

49

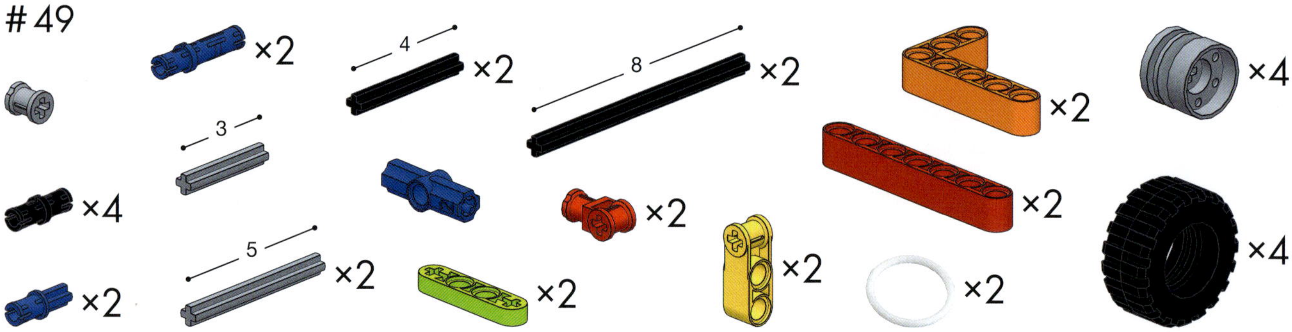

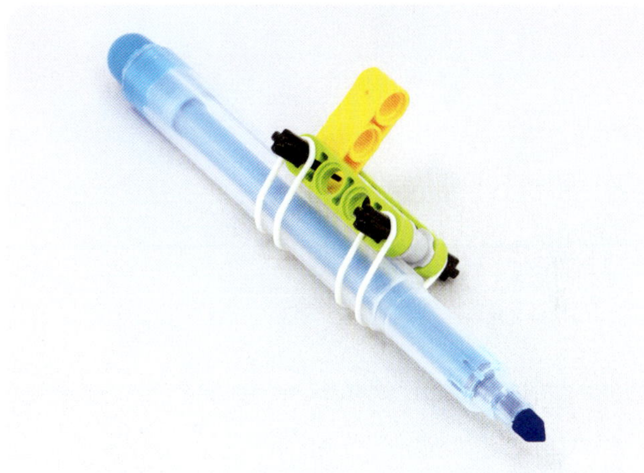

#50

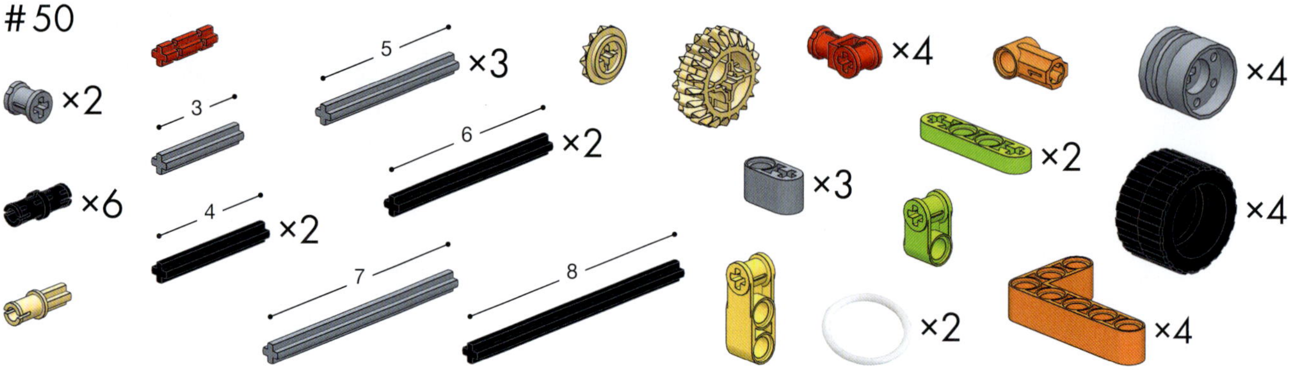

51

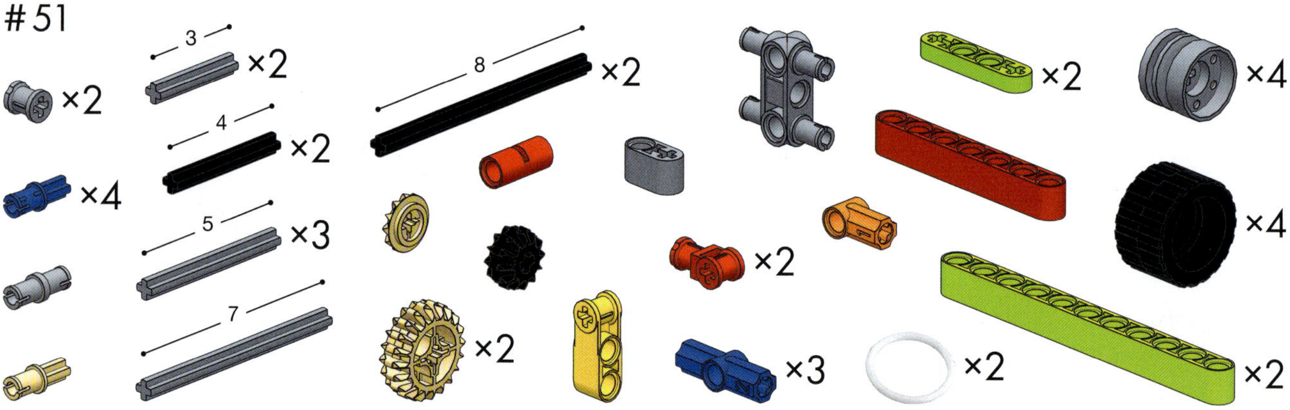

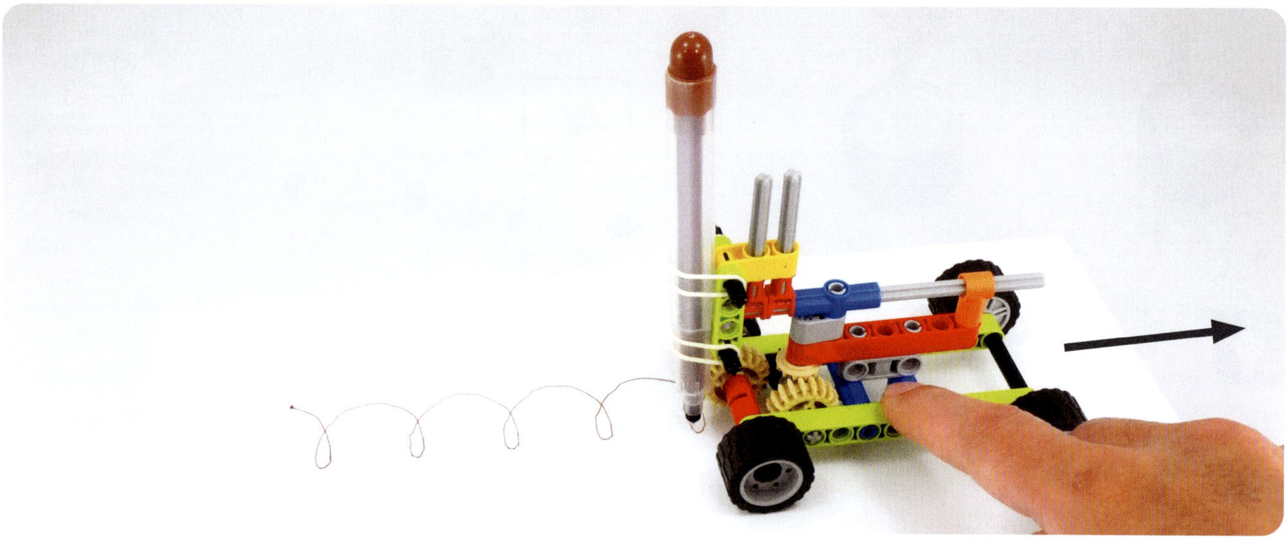

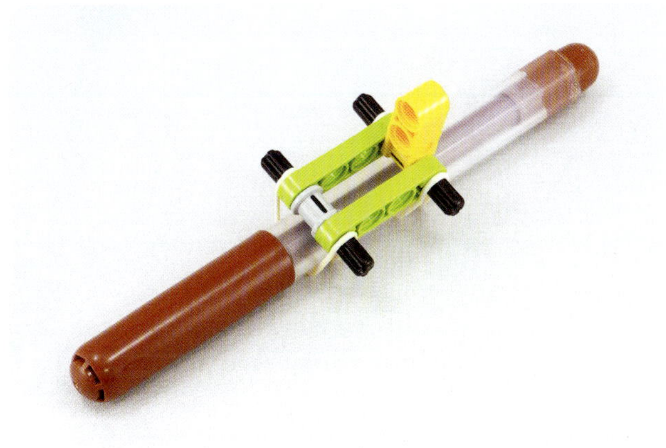

52

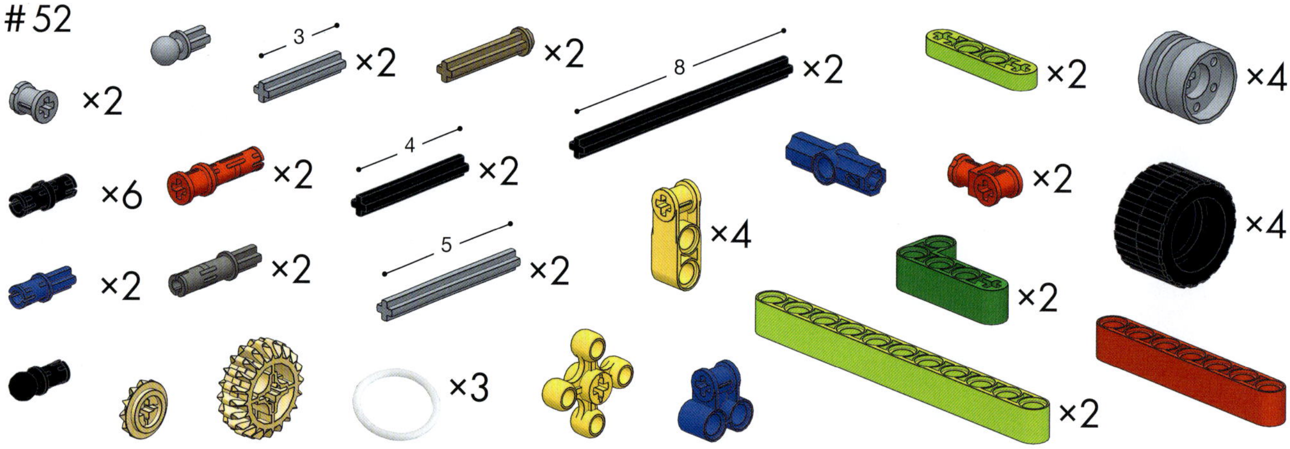

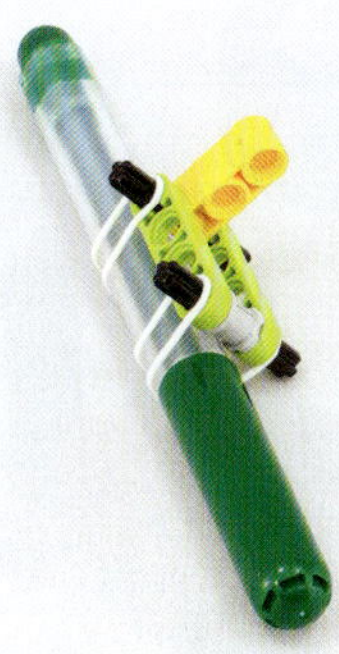

53

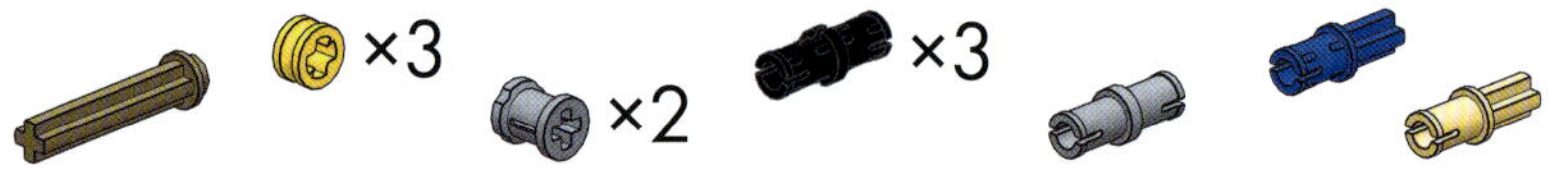

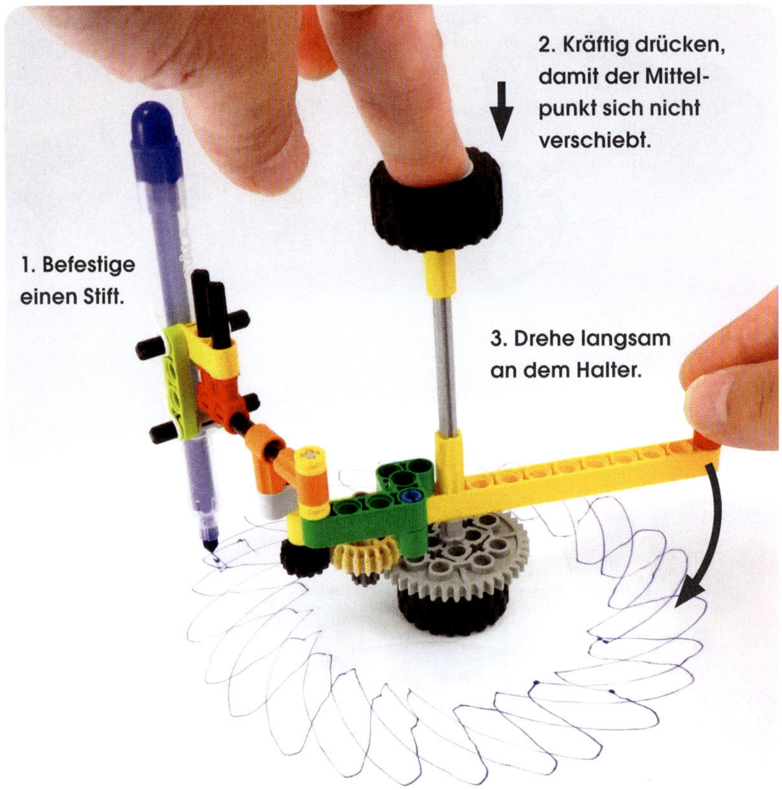

Diese Zeichnung mag anfangs schwierig sein, aber mit etwas Übung wirst du besser werden!

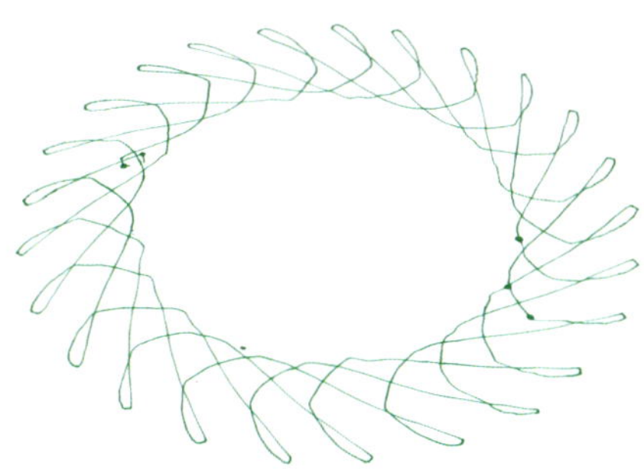

54

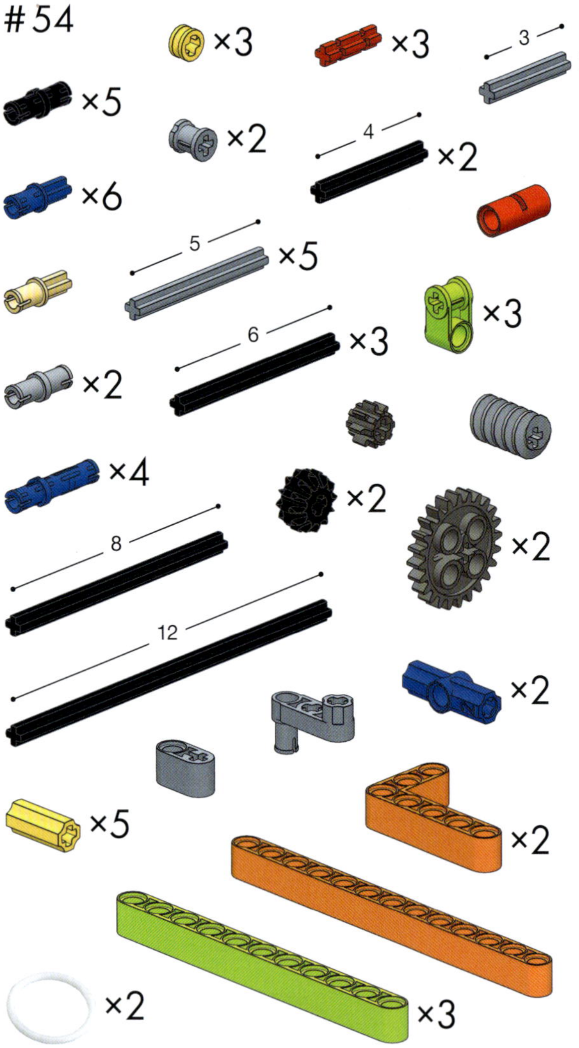

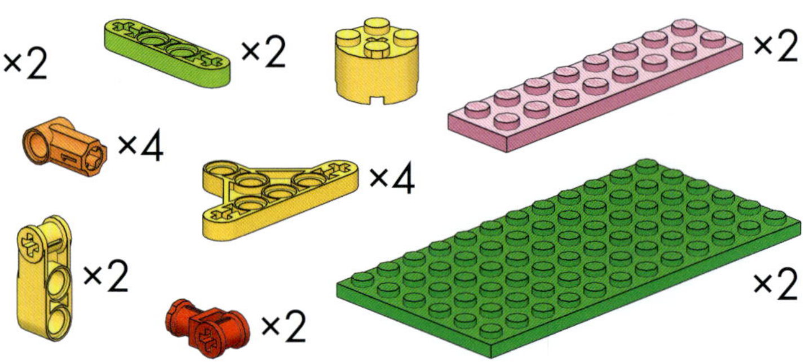

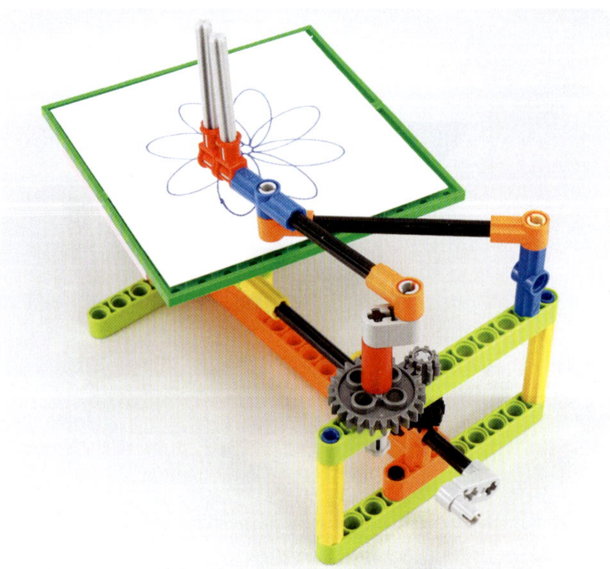

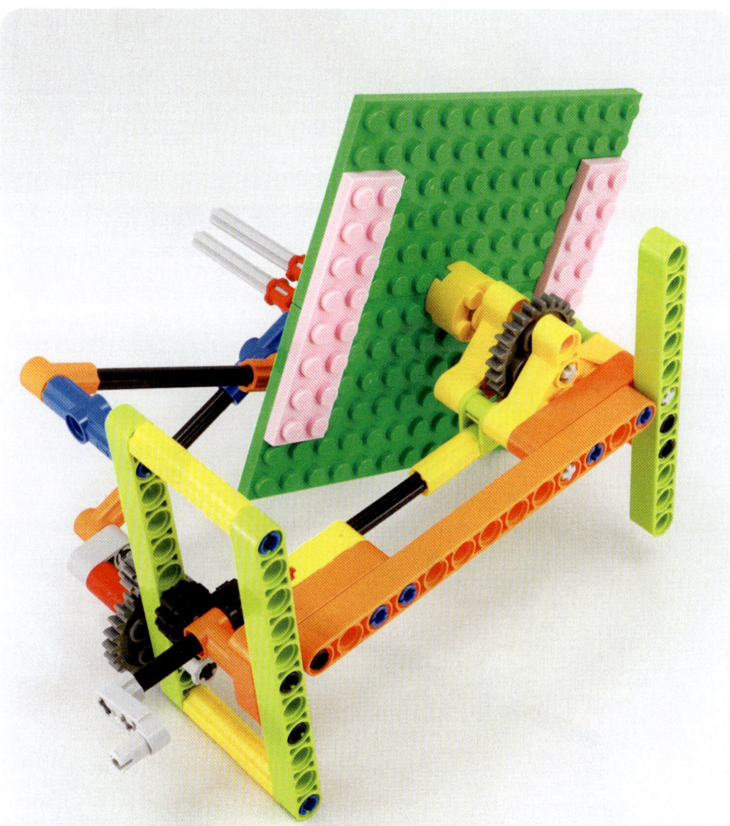

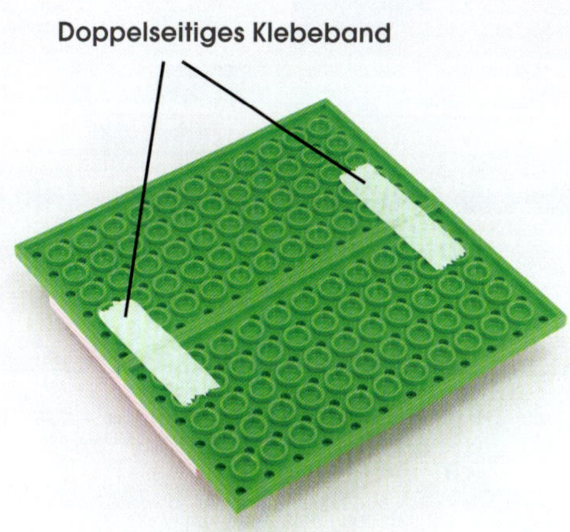
Doppelseitiges Klebeband

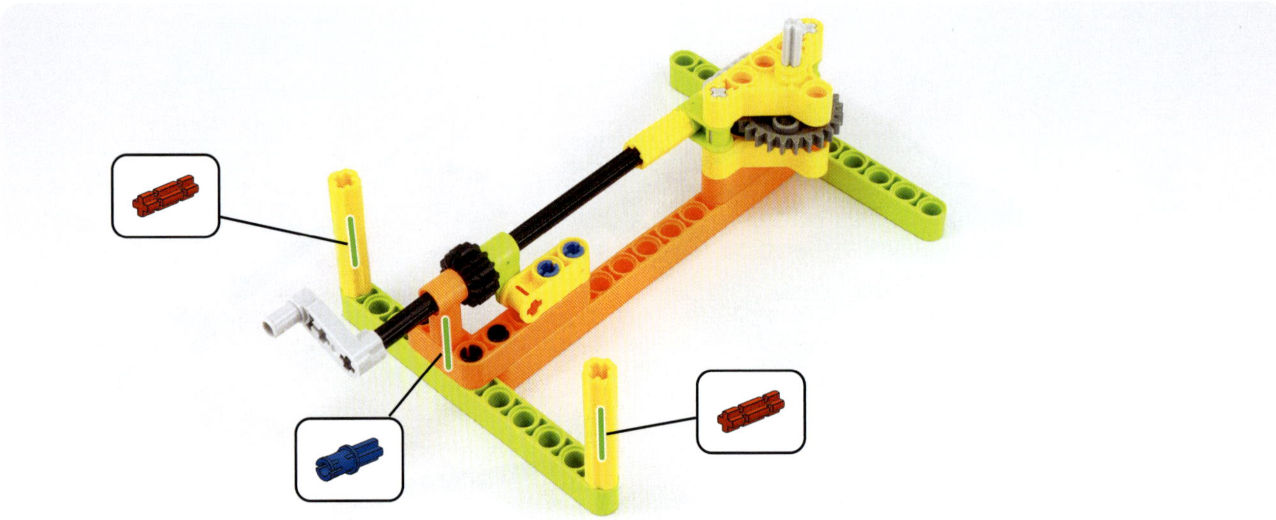

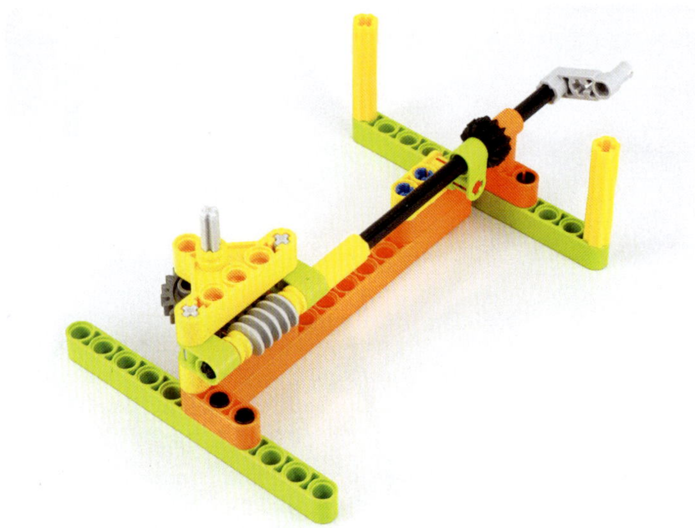

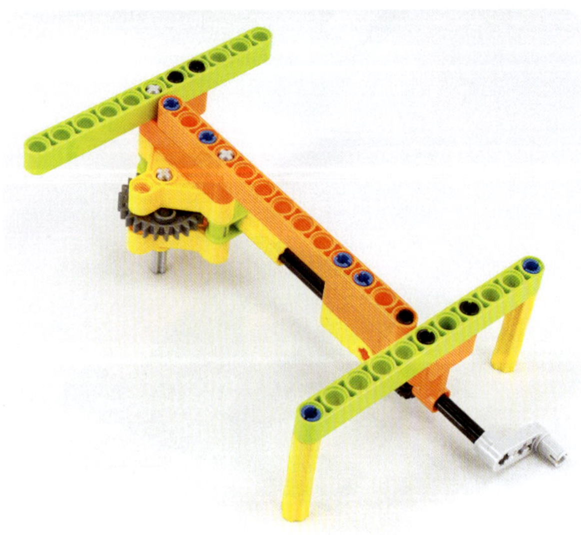

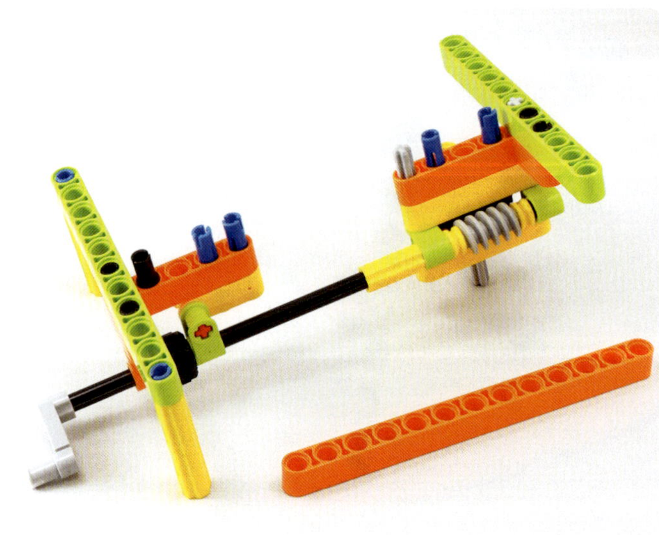

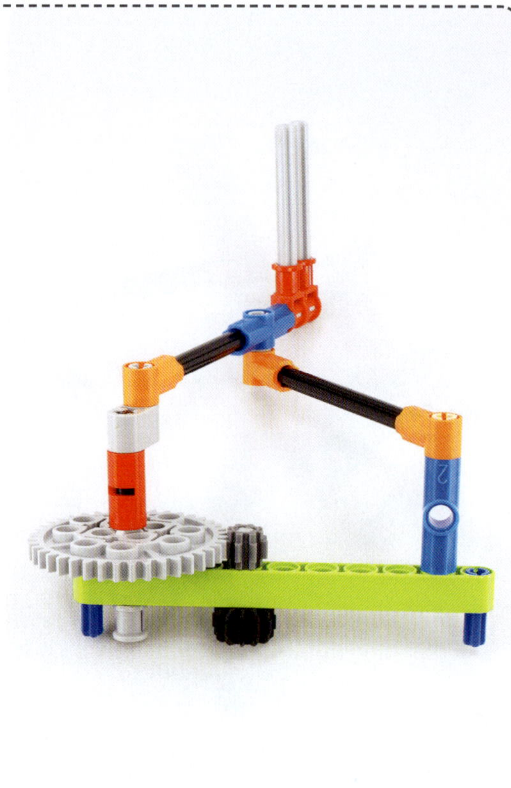

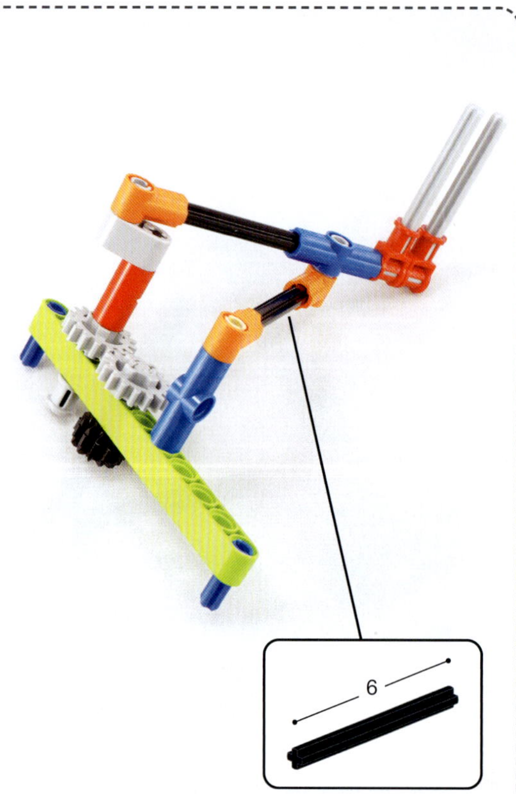
6

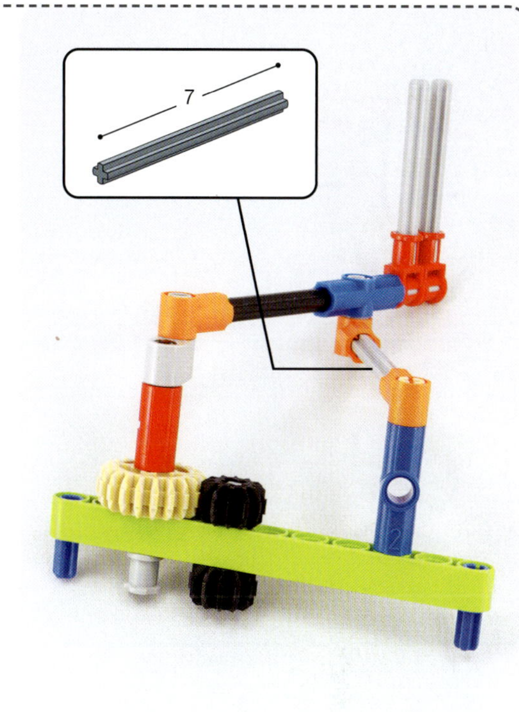
7

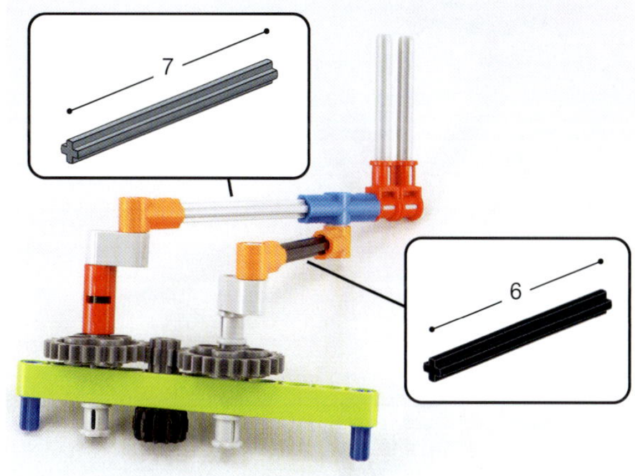
7
6

Teil 2

Messgeräte

Wiegen

#55

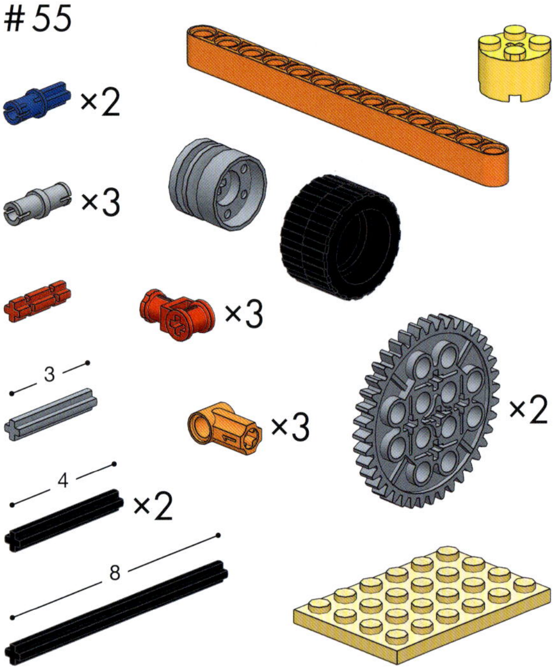

56

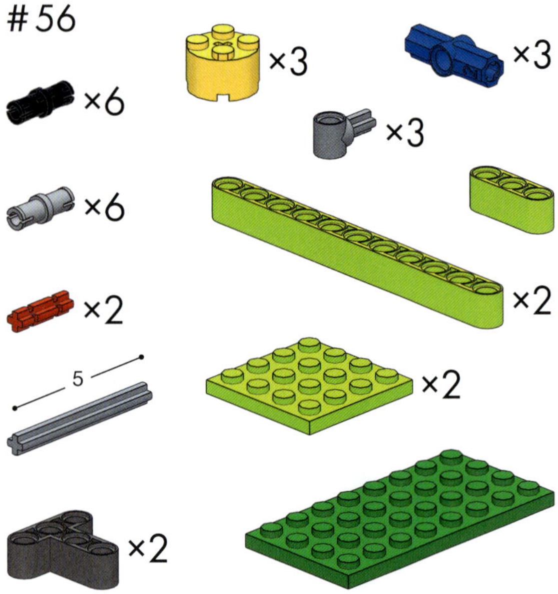

#57

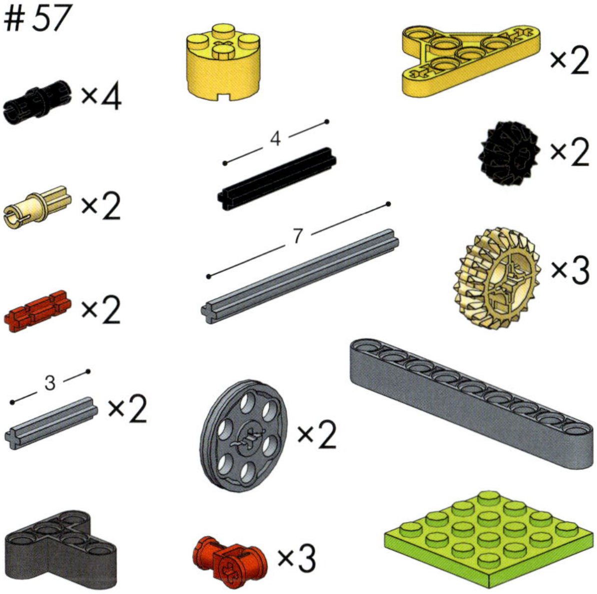

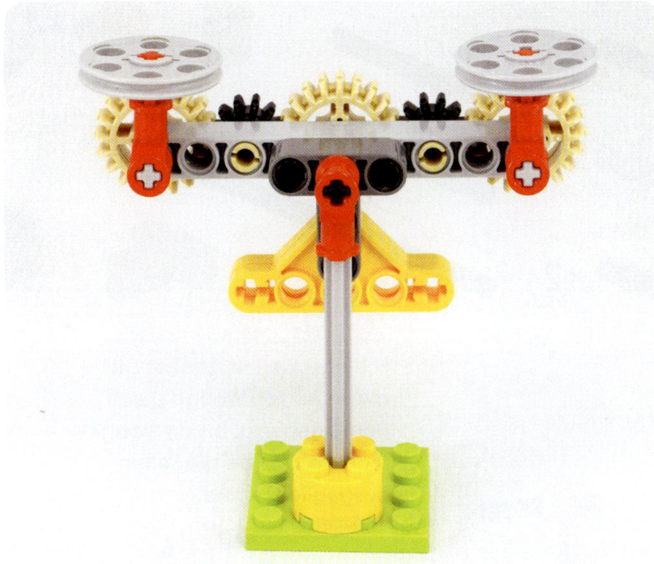

#58

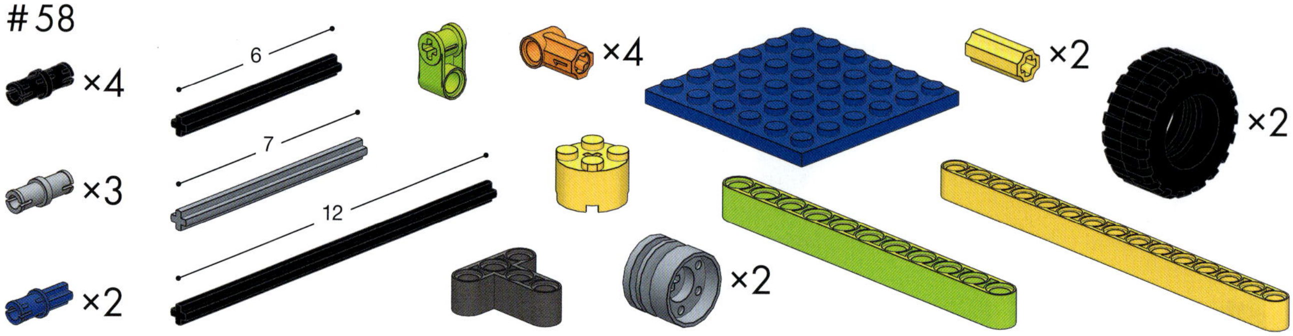
×4
×3
×2
6
7
12
×4
×2
×2
×2

Schiebe die Kreuzachse bei dieser Art von Waage durch den Drehpunkt, bis sie waagerecht ist, d. h. bis die Seiten ausgeglichen sind.

Ein beliebiges Teil

Ein beliebiges Teil

59

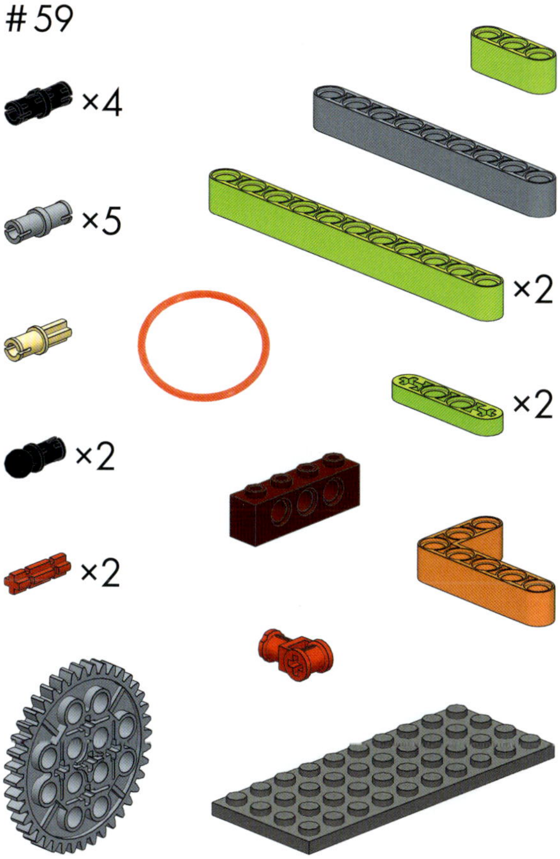

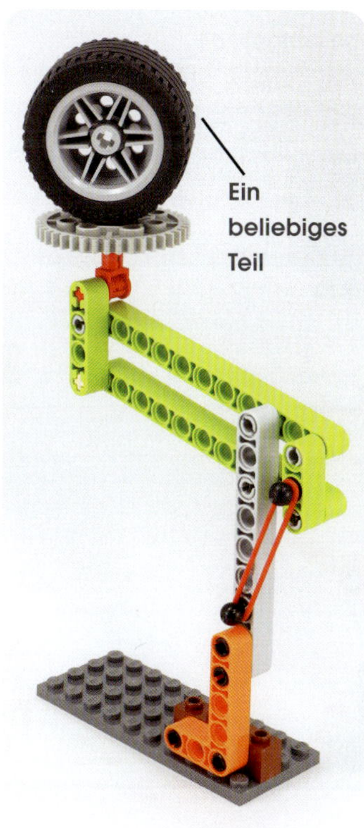

#60

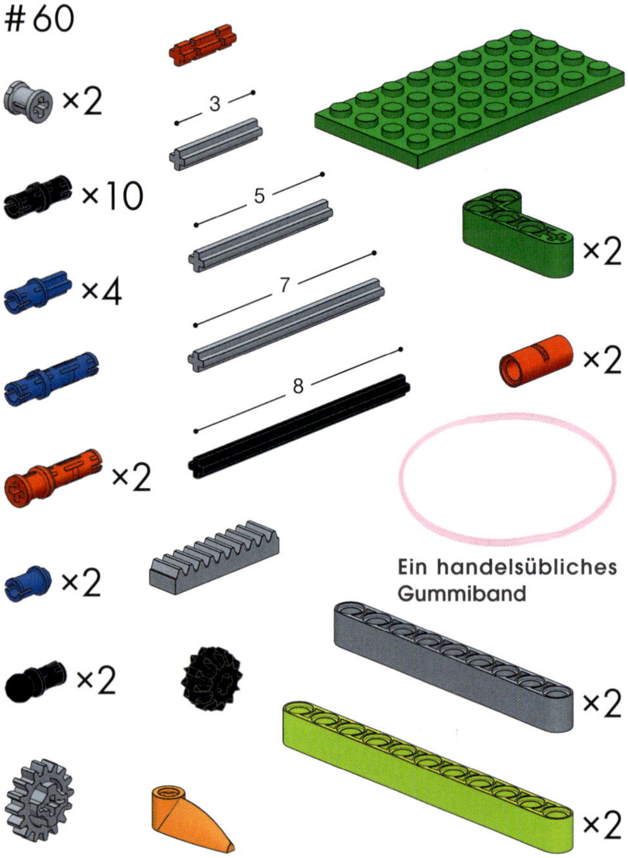

×2
×10
×4
×2
×2
×2
3
5
7
8
×2
×2
Ein handelsübliches Gummiband
×2
×2

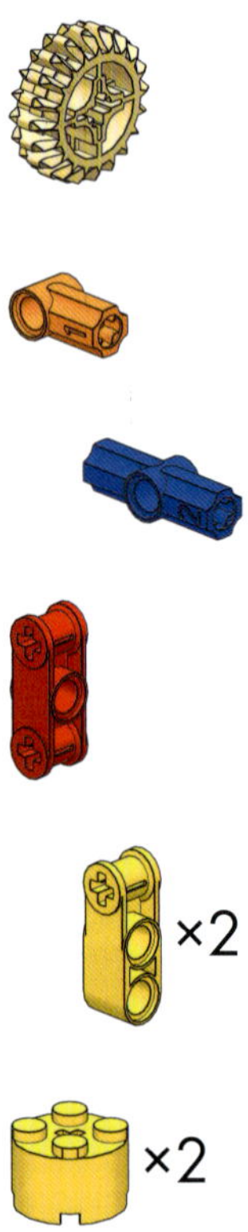

×2
×2

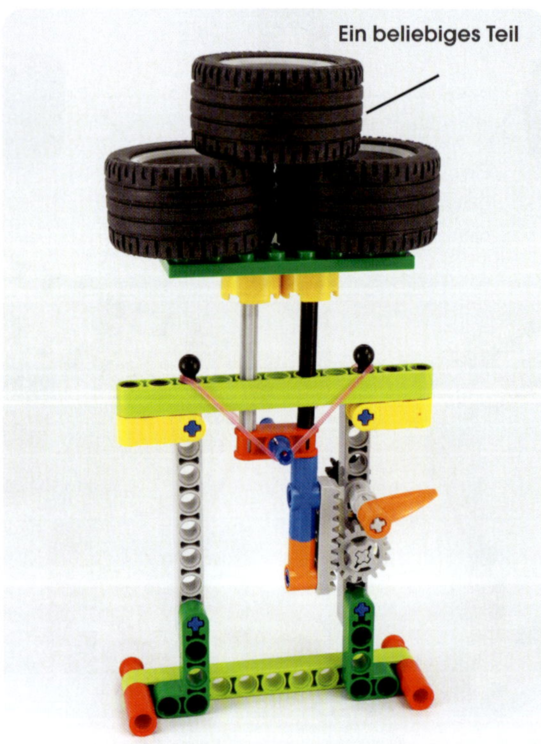

Ein beliebiges Teil

Ein beliebiges Teil

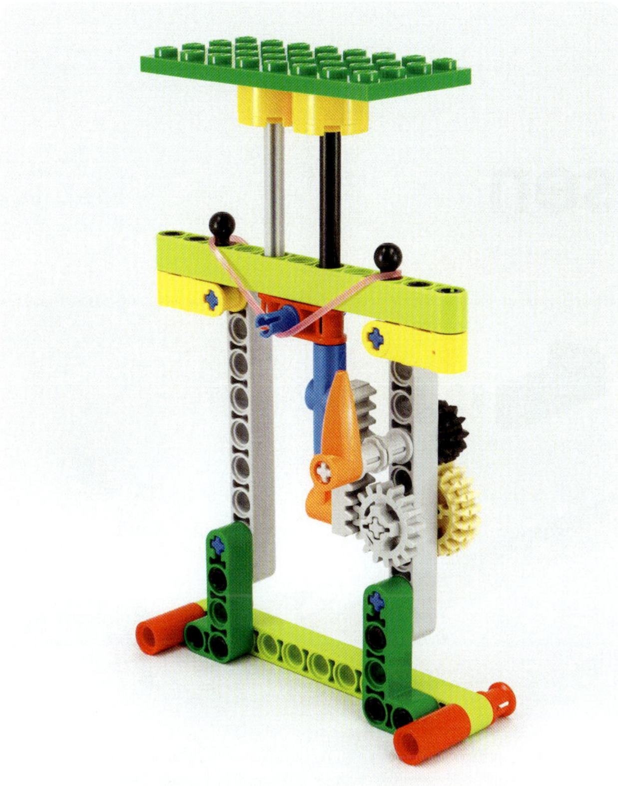

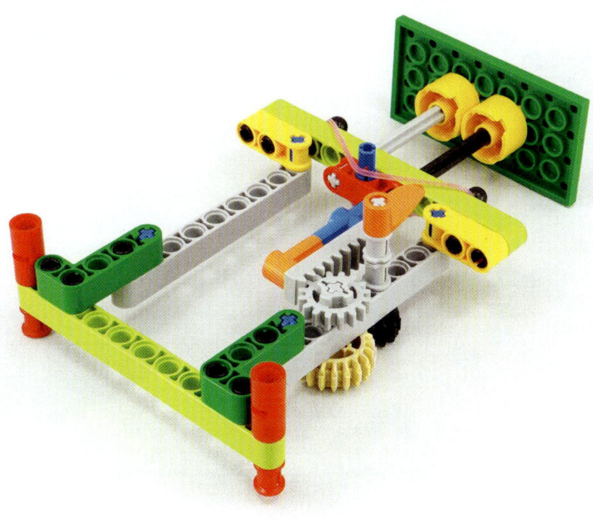

Länge messen

#61

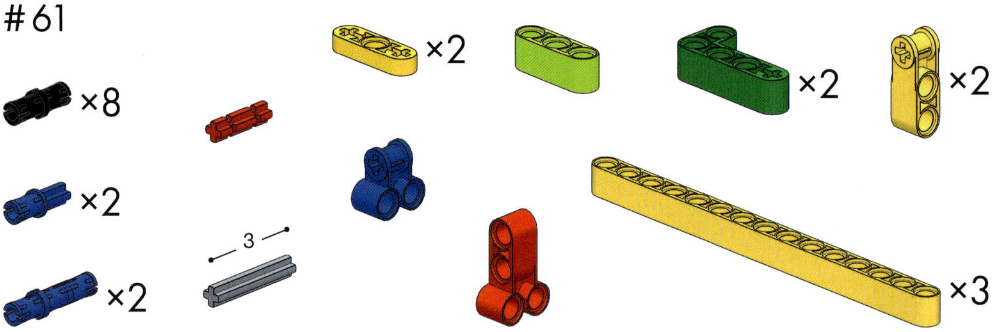

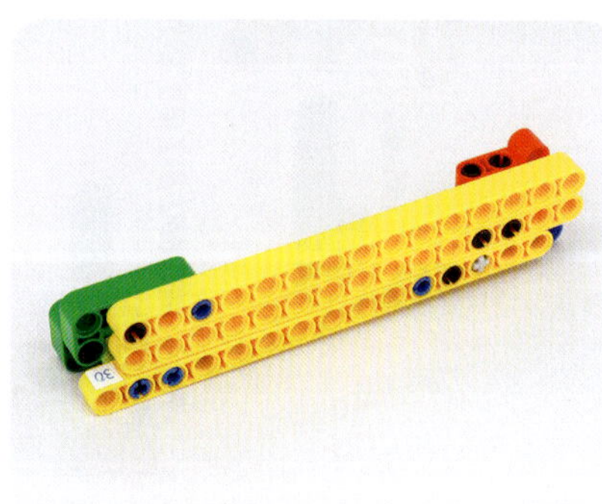

#62

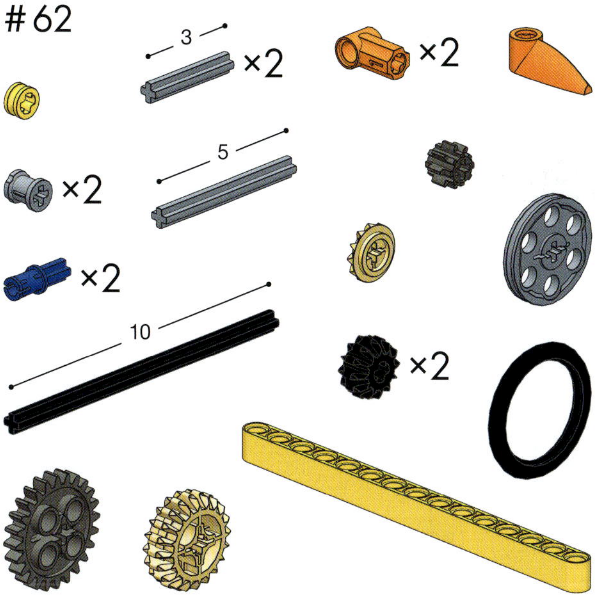

Wenn das orangefarbene Teil eine vollständige Umdrehung macht, hat das Messgerät einen Weg von 477 mm zurückgelegt.

$(24/8) \times (20/12) \times (30.38 \times \pi) \approx 477$

Winkelmessung

#63

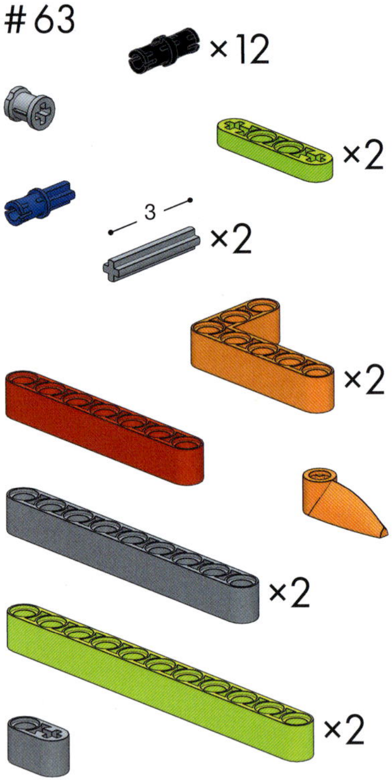

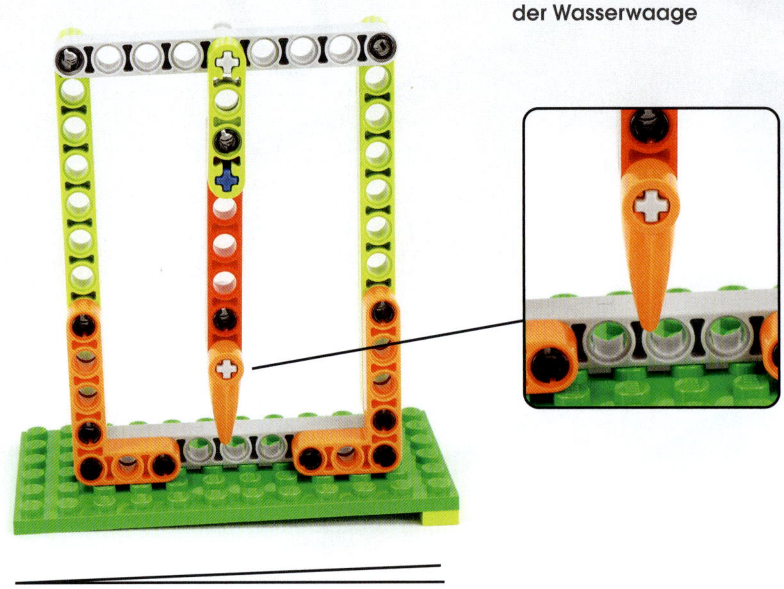

Horizontale Verwendung der Wasserwaage

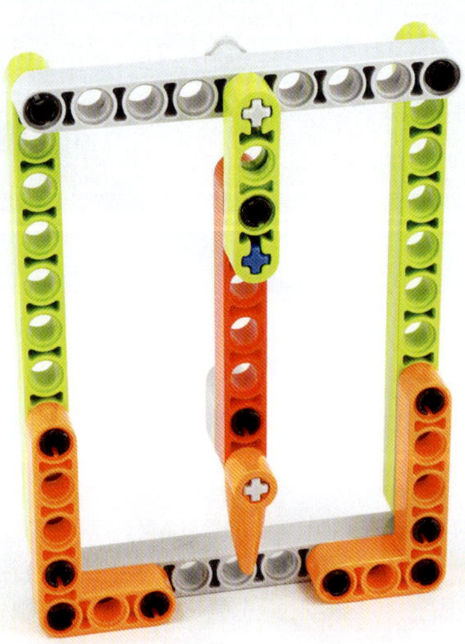

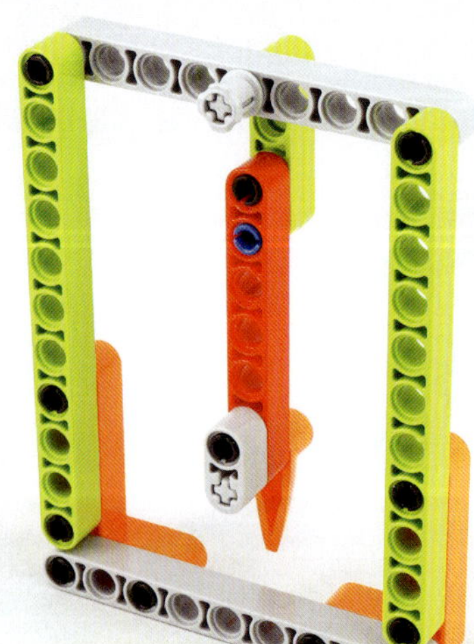

64

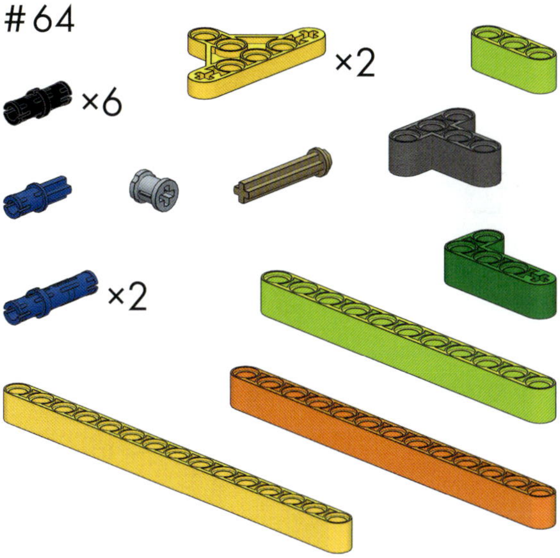

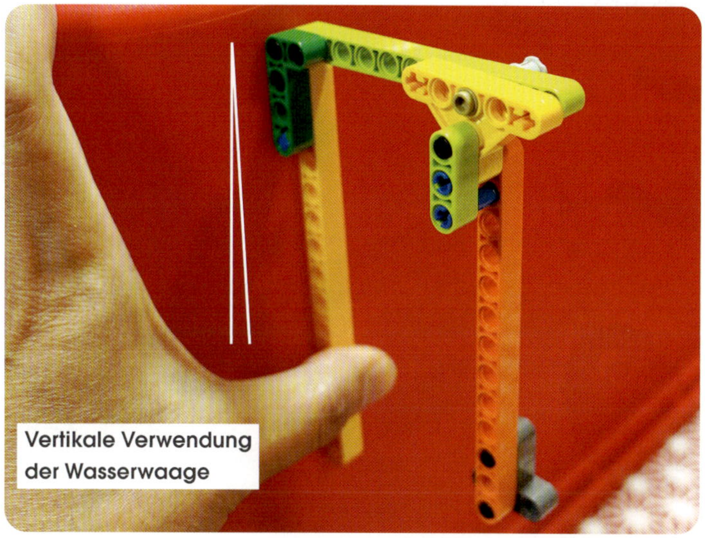
Vertikale Verwendung der Wasserwaage

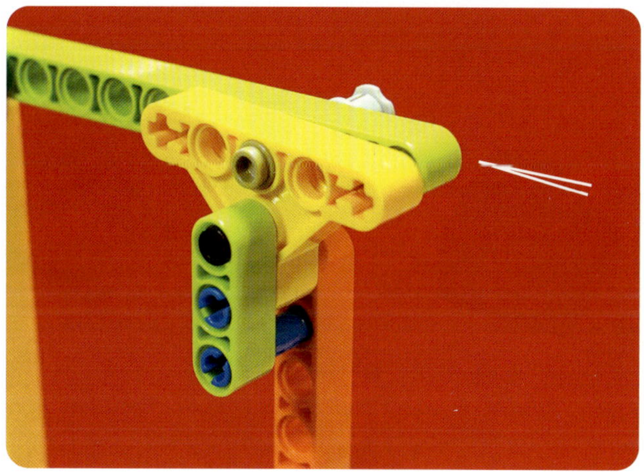

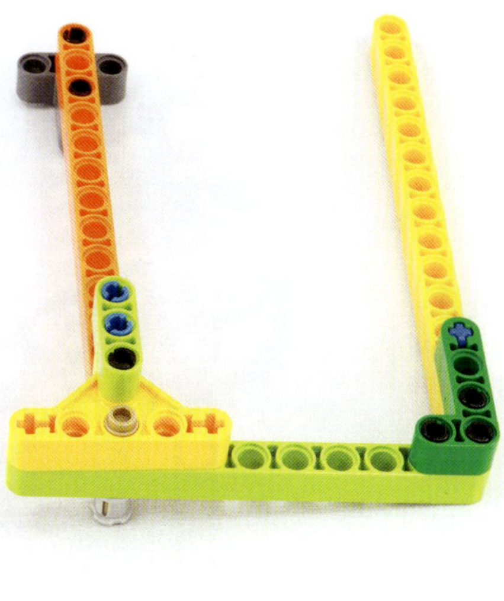

#65

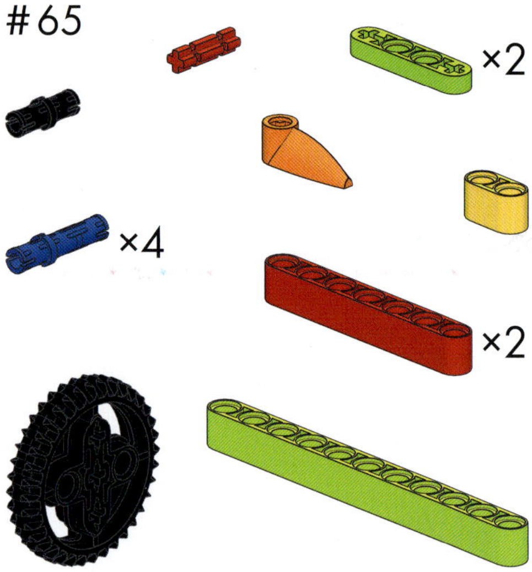

36 Zähne = 360°
1 Zahn = 10°

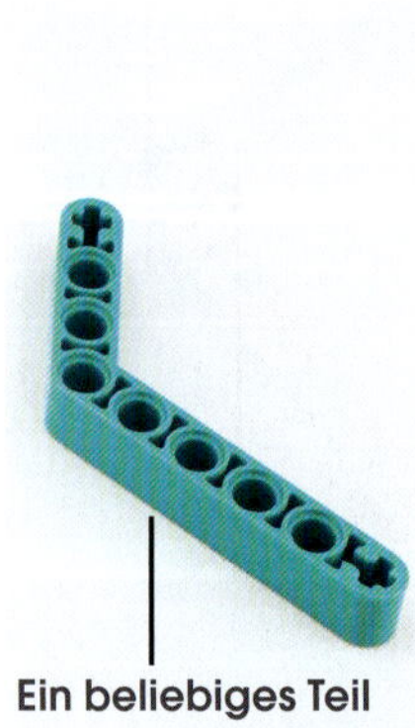

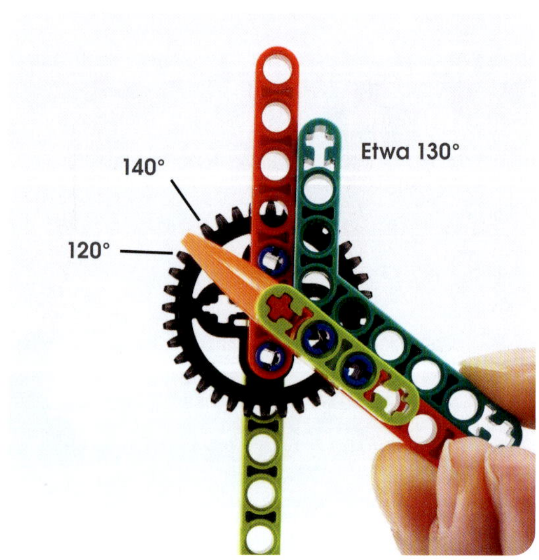

66

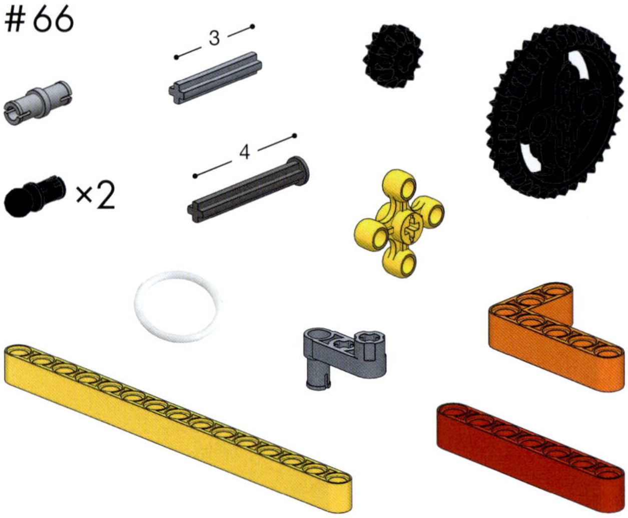

67

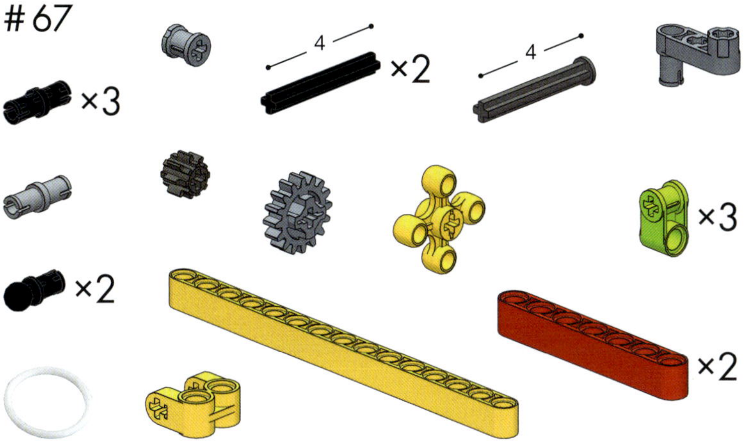

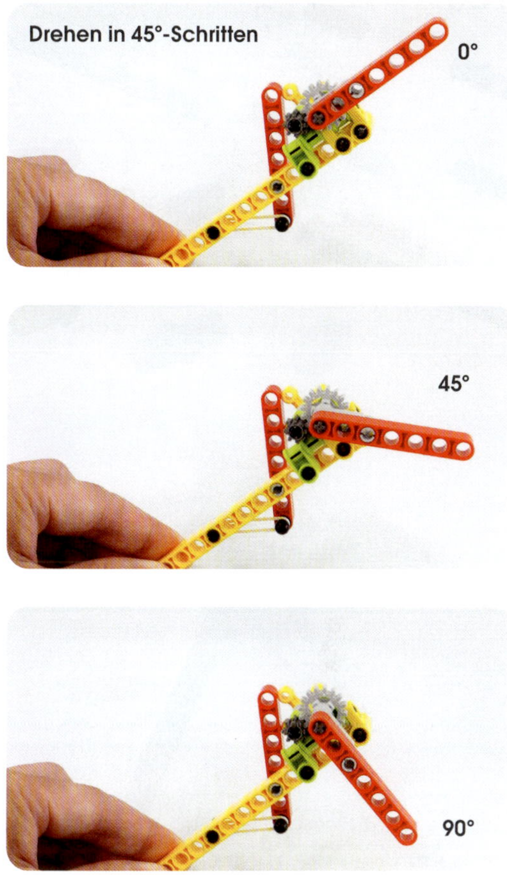

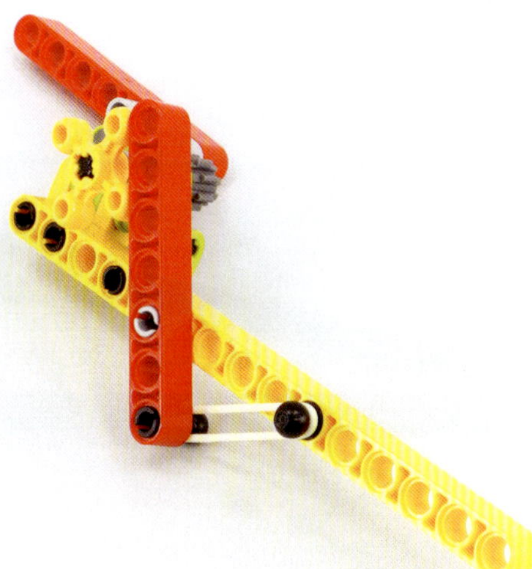

68

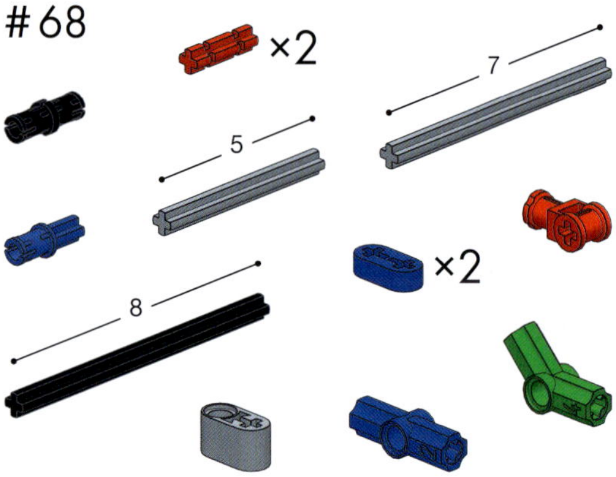

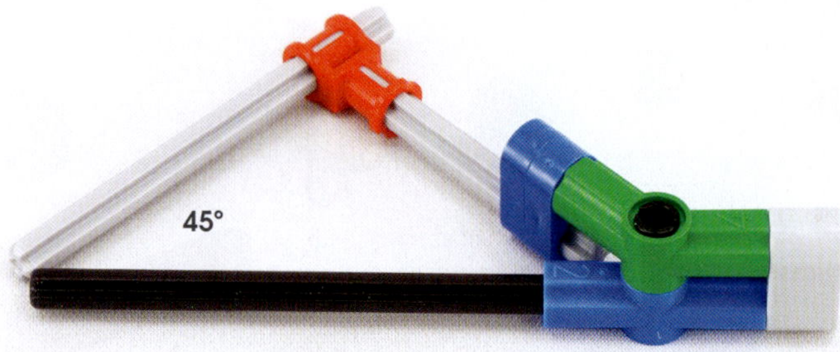

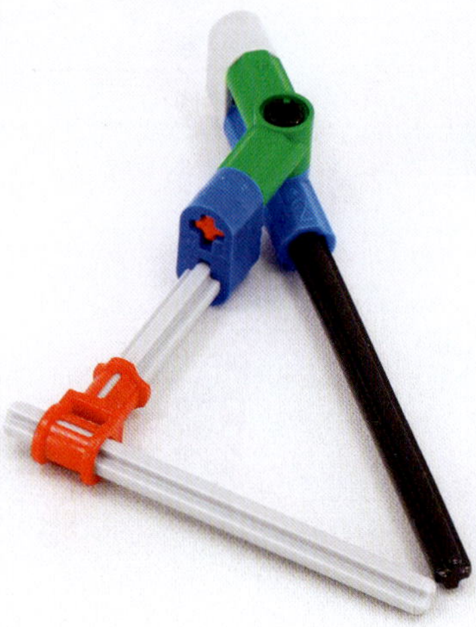

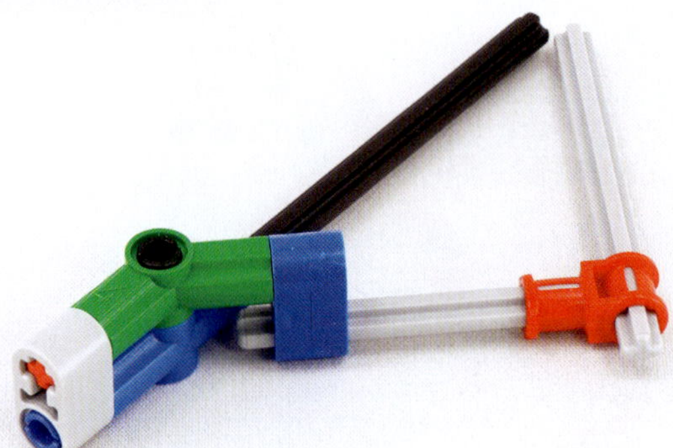

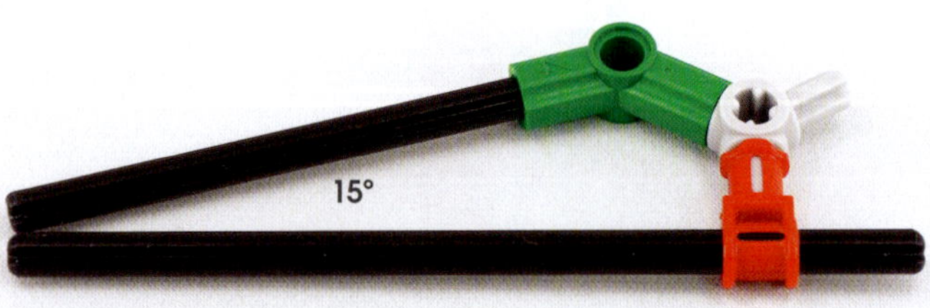

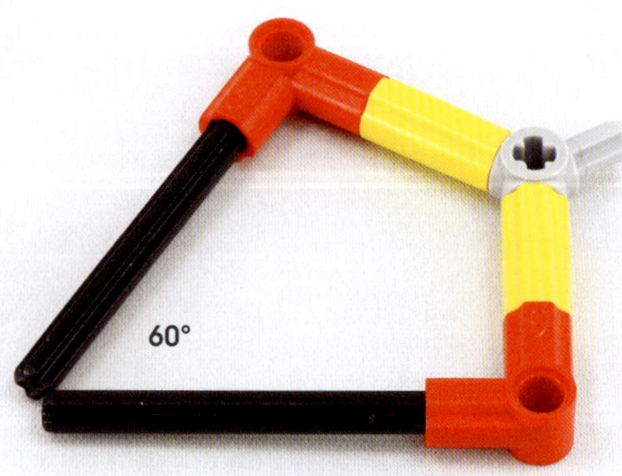

67.5°

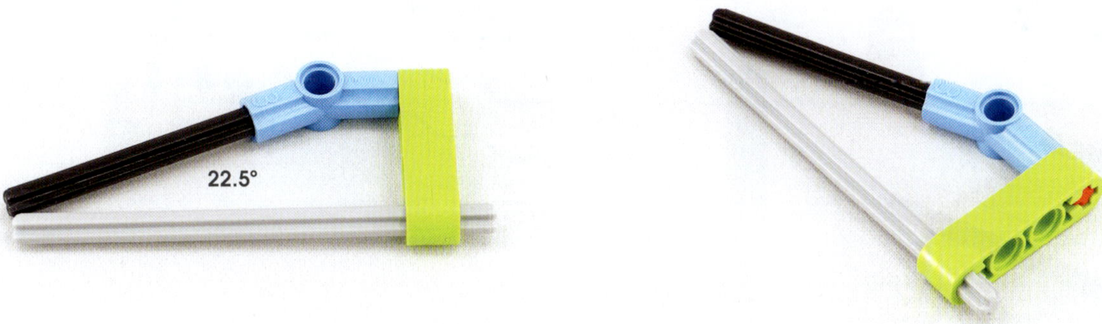
22.5°

30°

Messen des Luftstroms

#69

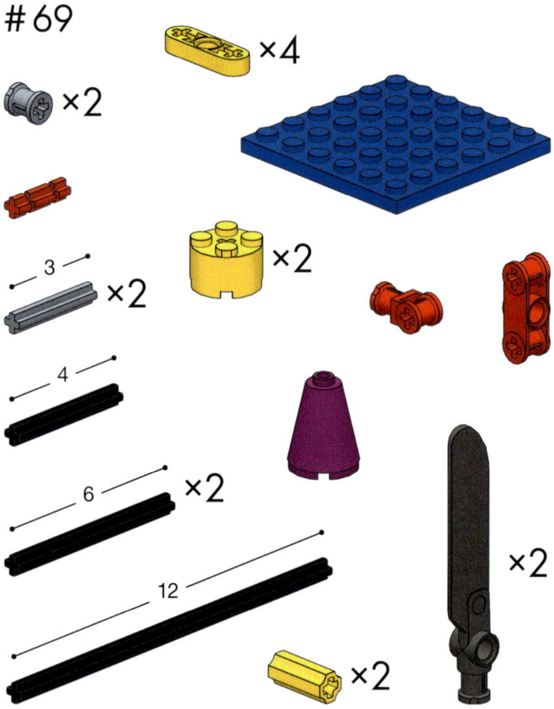

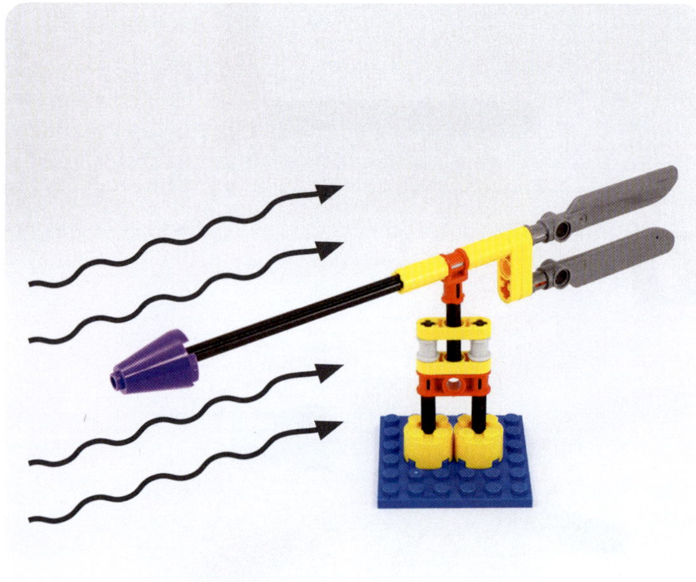

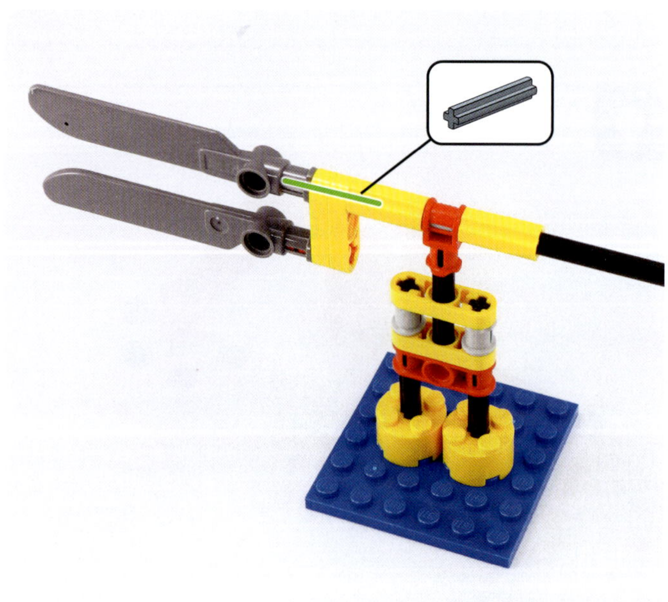

#70

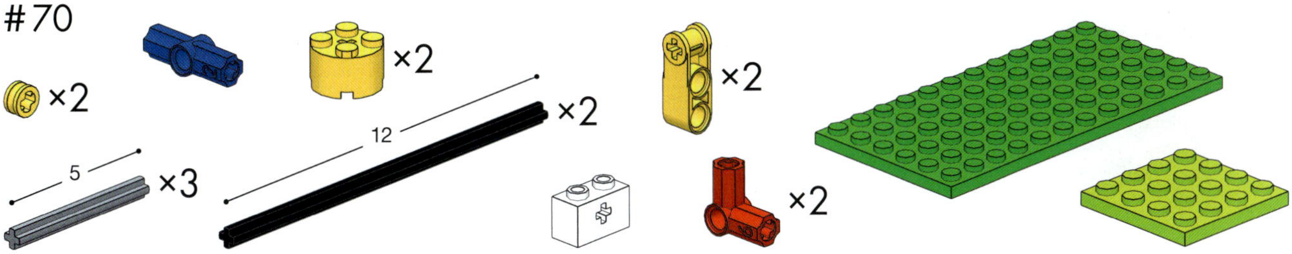

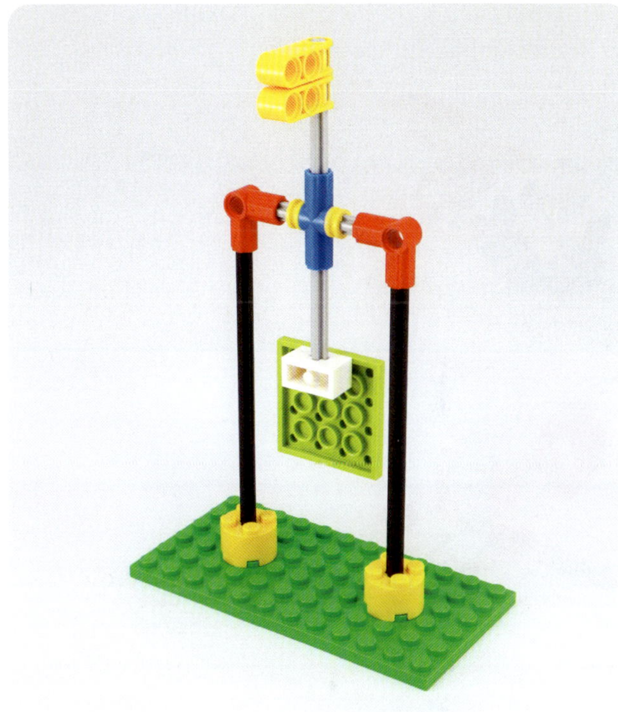

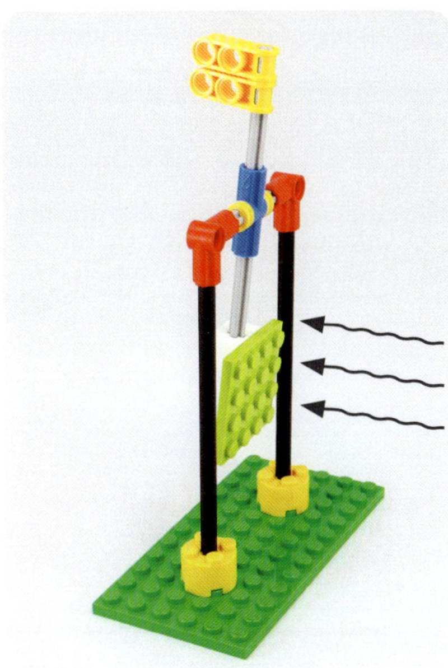

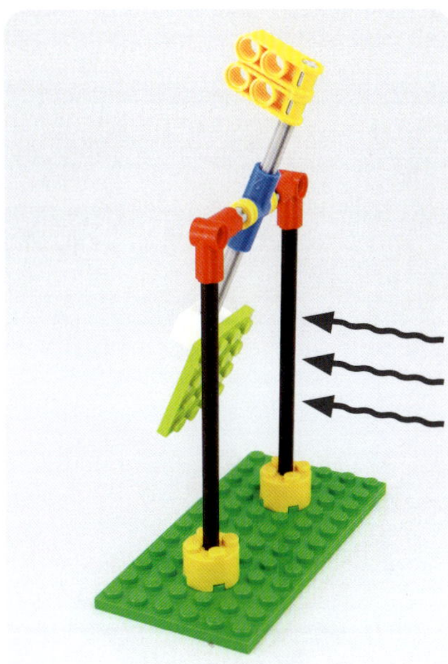

Teil 3

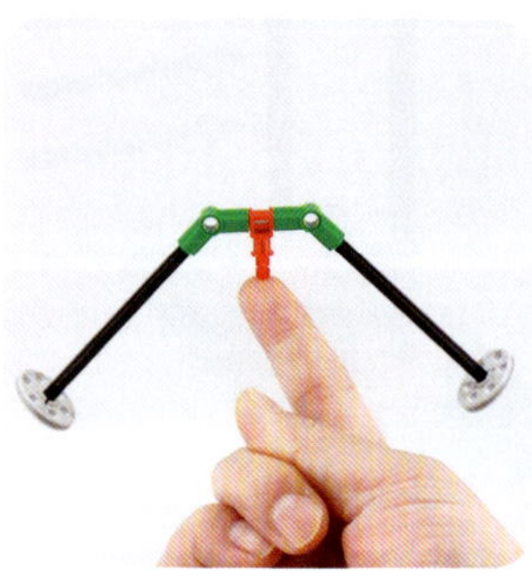

Bonus-mechanismen

Verschiedene Rotationsmechanismen

#71

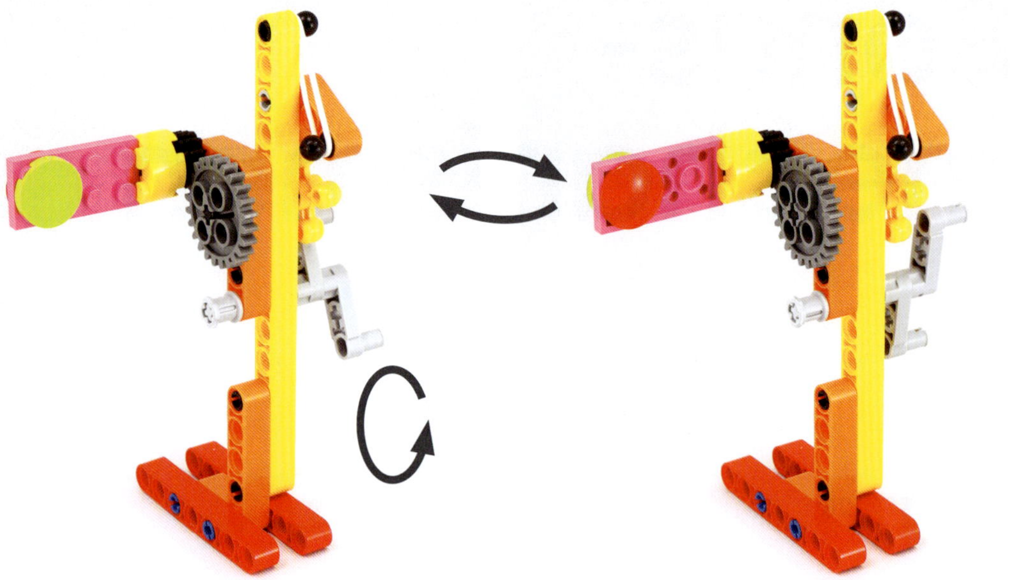

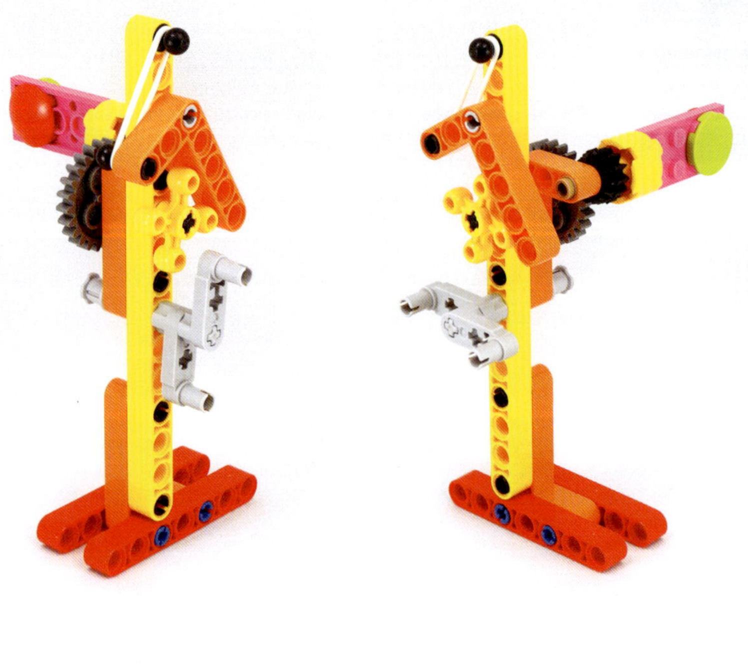

#72

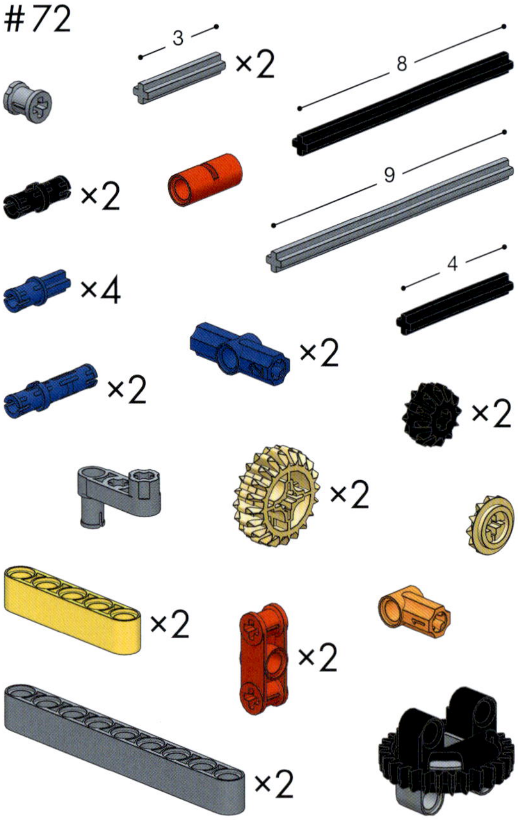

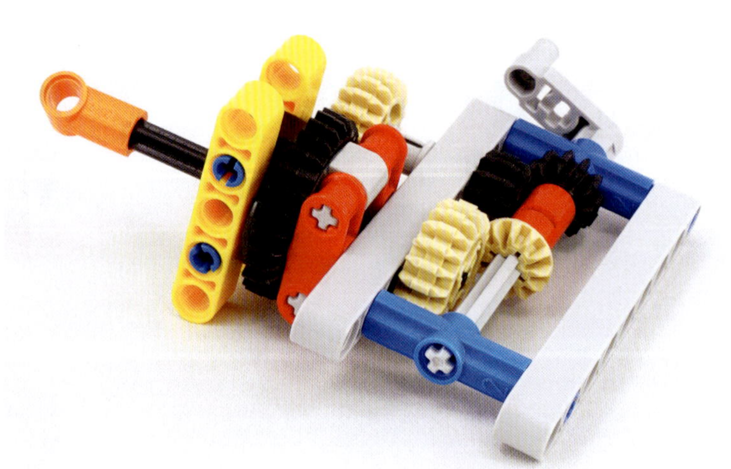

#73

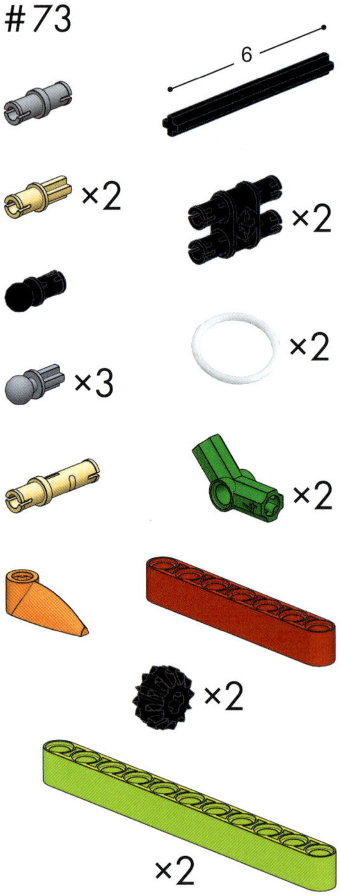
6
×2
×2
×2
×3
×2
×2
×2

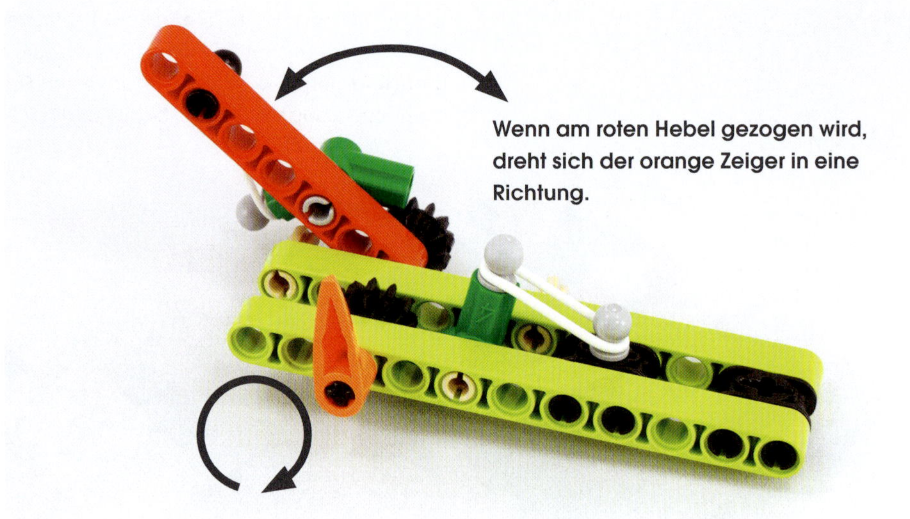
Wenn am roten Hebel gezogen wird, dreht sich der orange Zeiger in eine Richtung.

#74

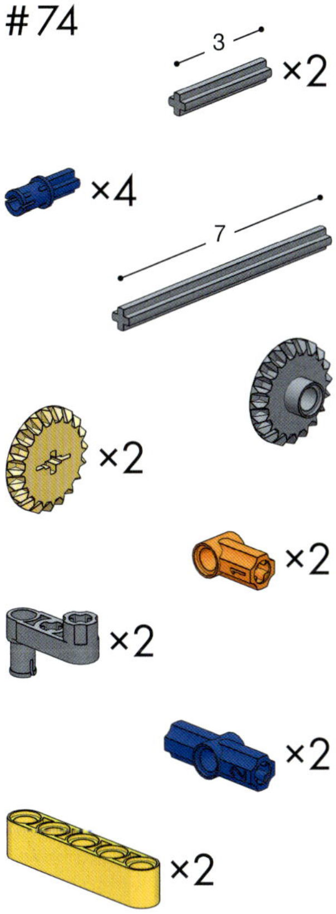

Dieser Mechanismus steuert zwei orthogonale (rechtwinklig zueinander stehende) und voneinander unabhängige Achsen. Ein »A«-Griff dreht ein orangefarbenes »A«-Teil und hat keinen Einfluss auf das »B«-Teil. Ein »B«-Griff dreht ein orangefarbenes »B«-Teil und hat keinen Einfluss auf das »A«-Teil.

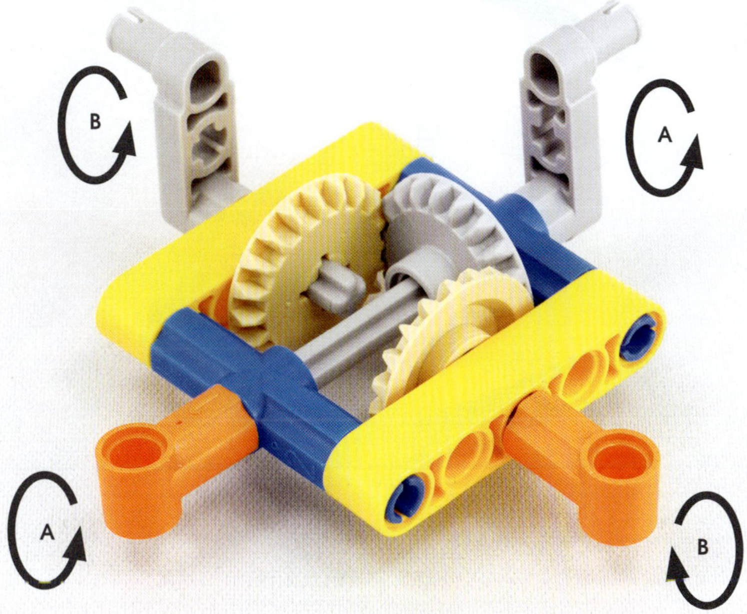

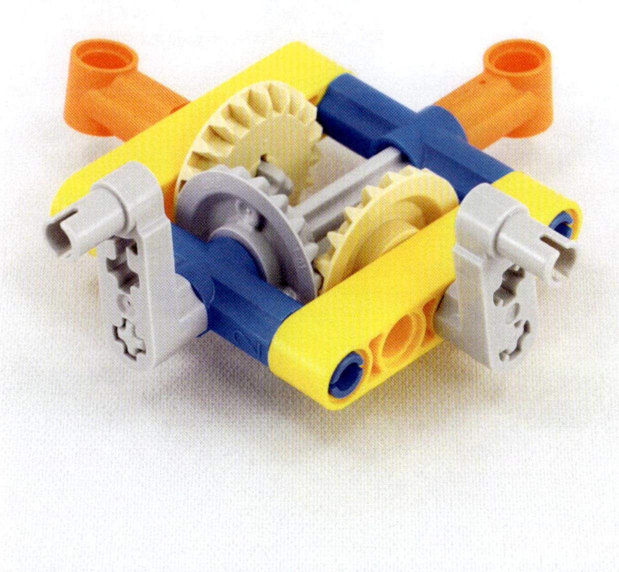

#75

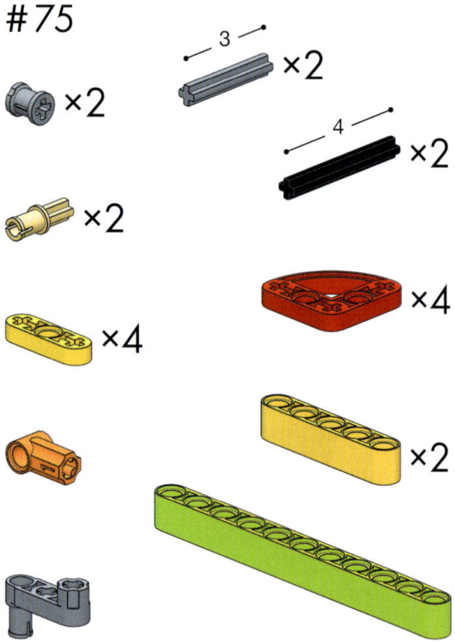

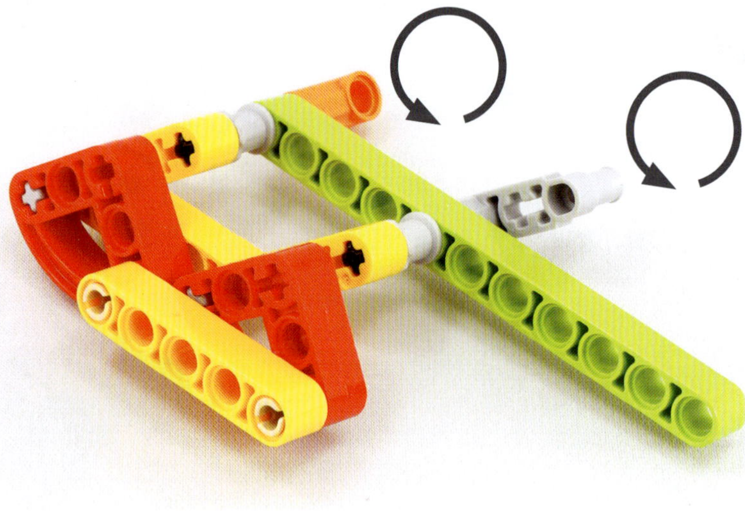

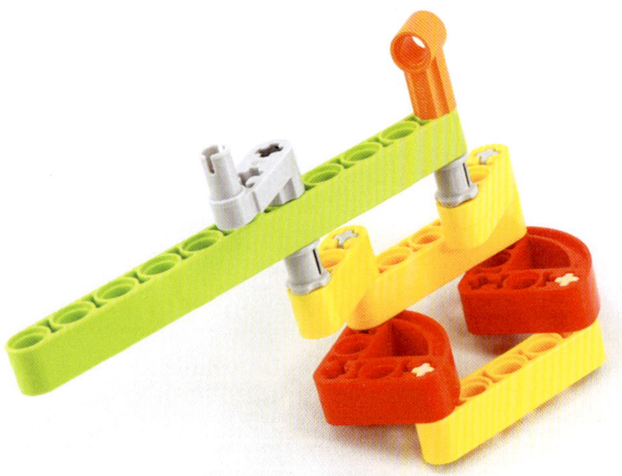

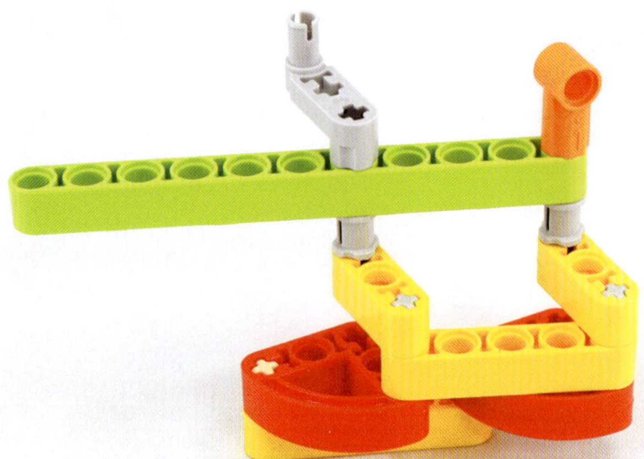

#76

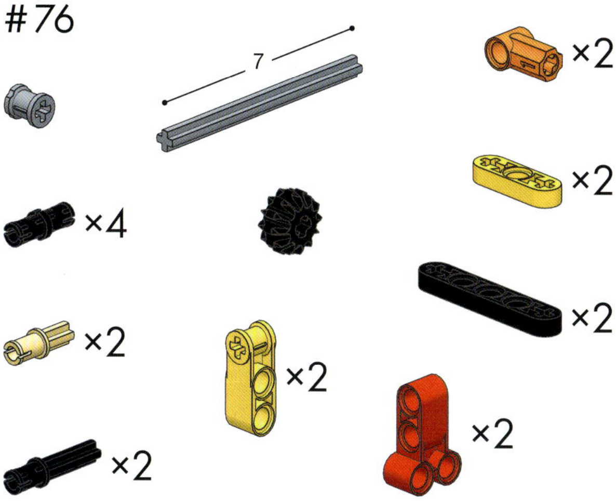

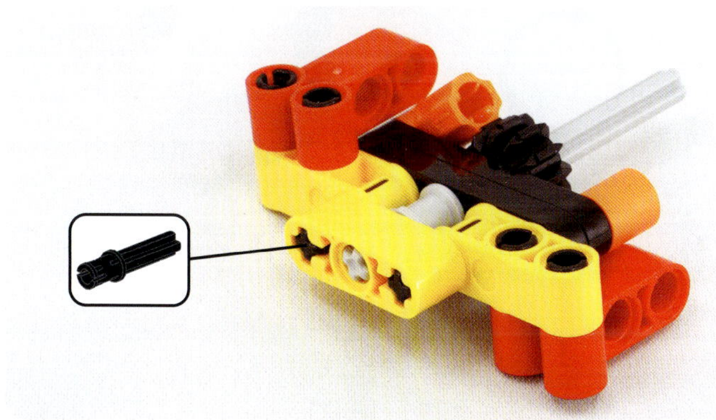

#77

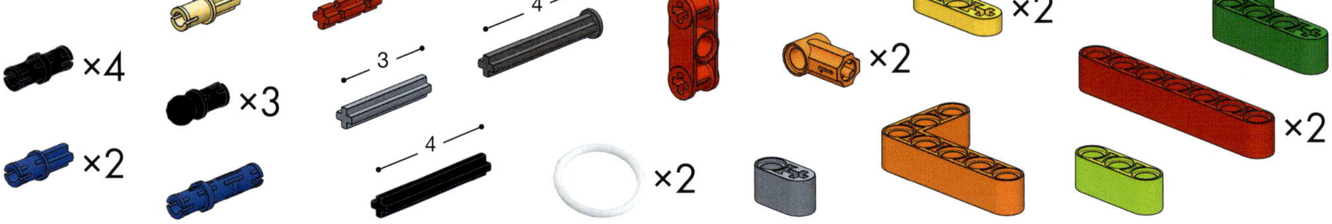

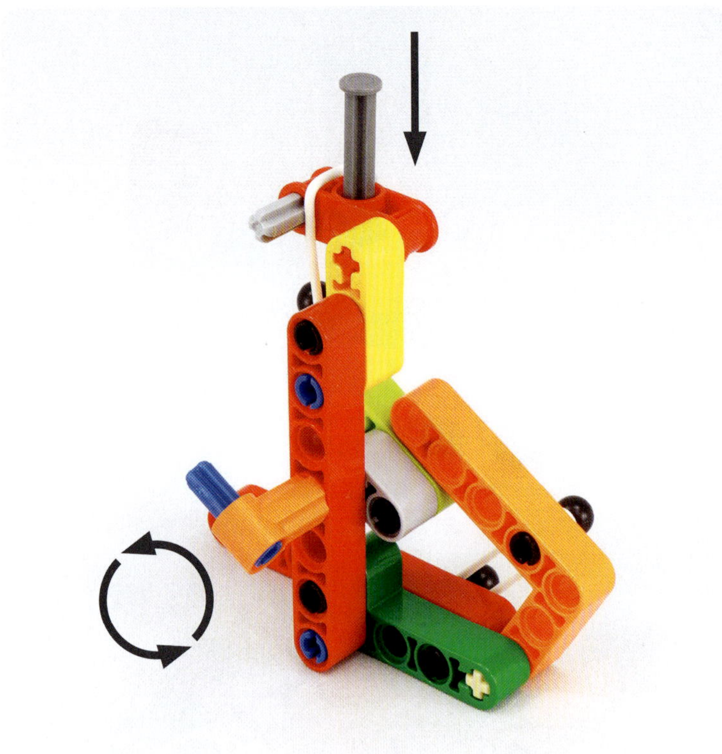

#78

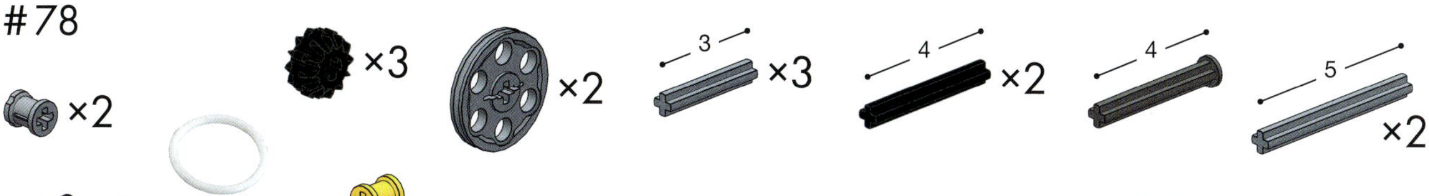

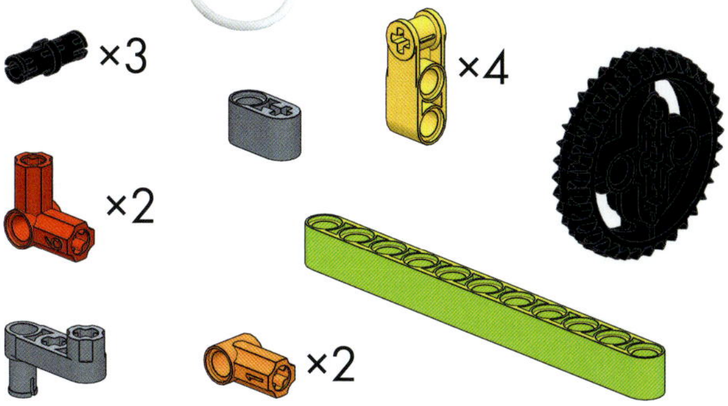

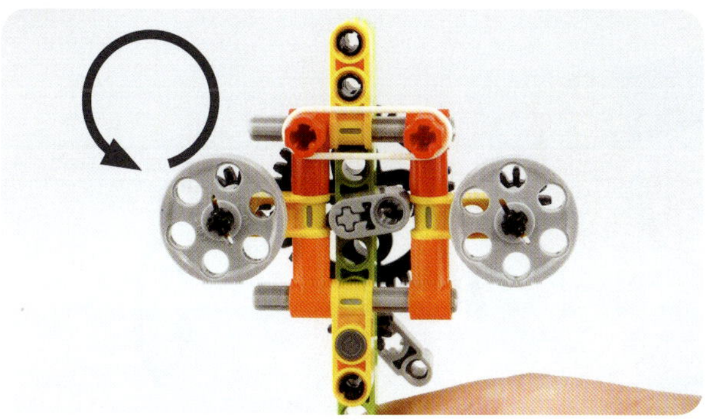

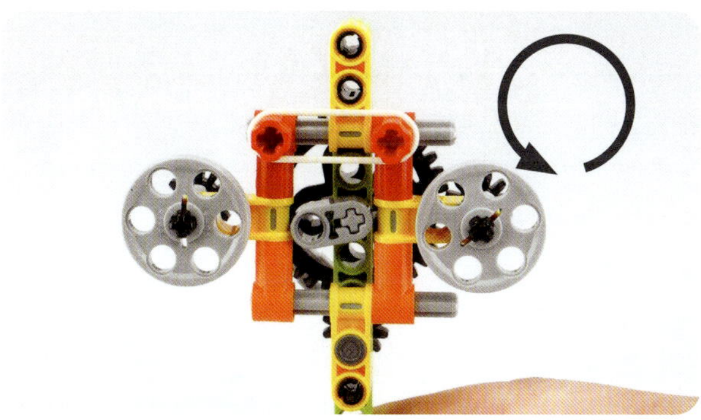

#79

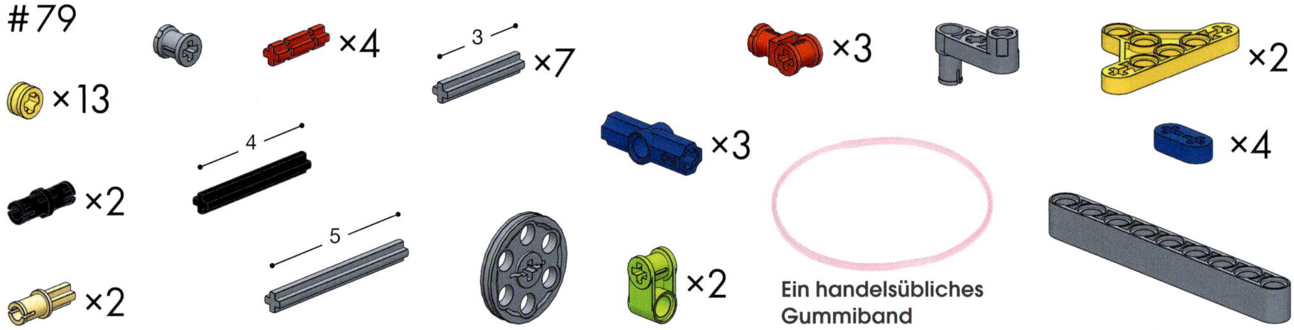

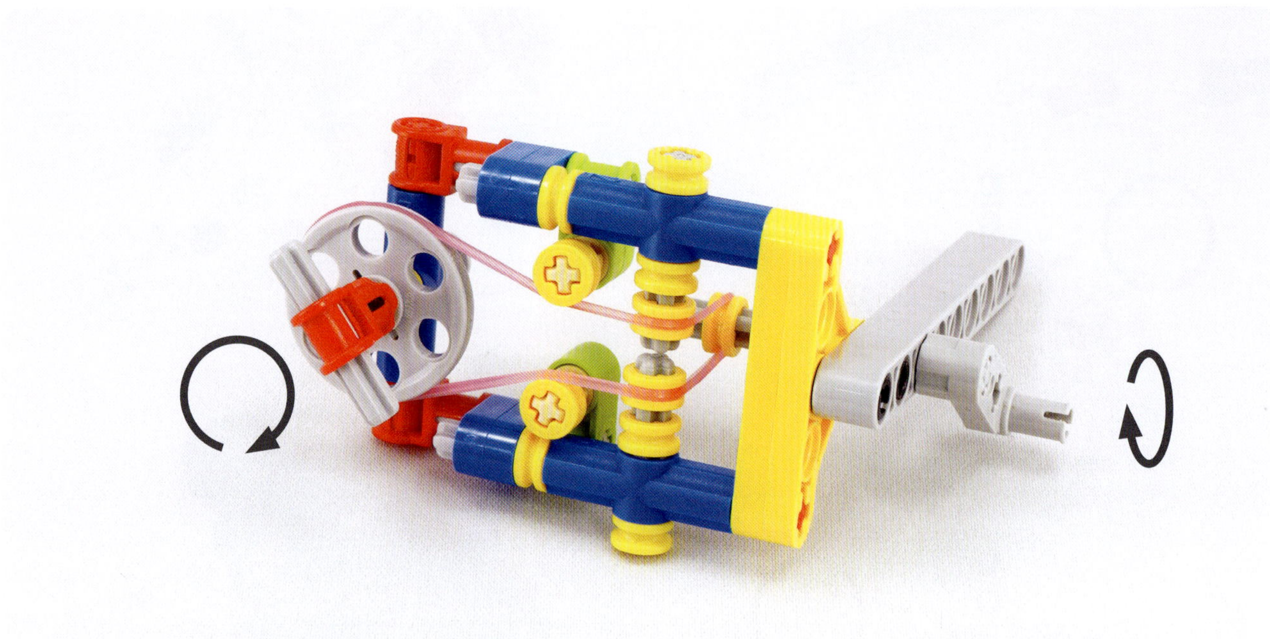

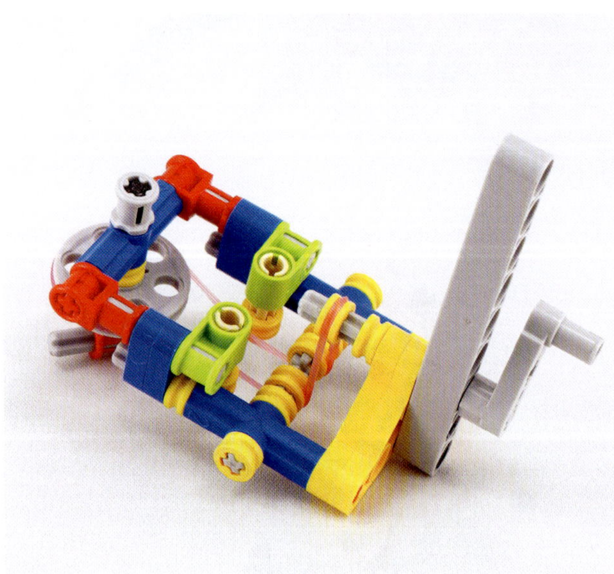

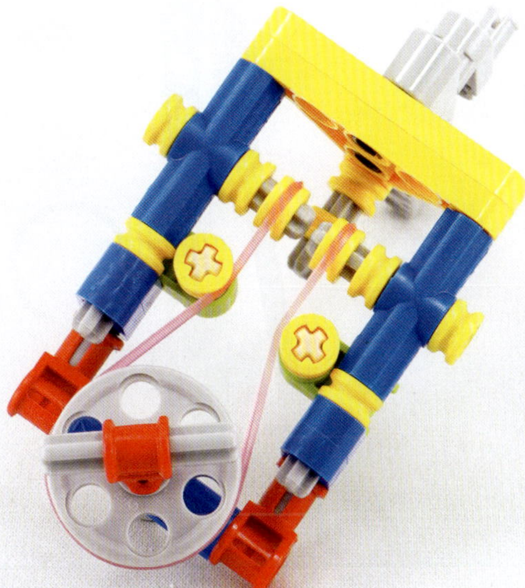

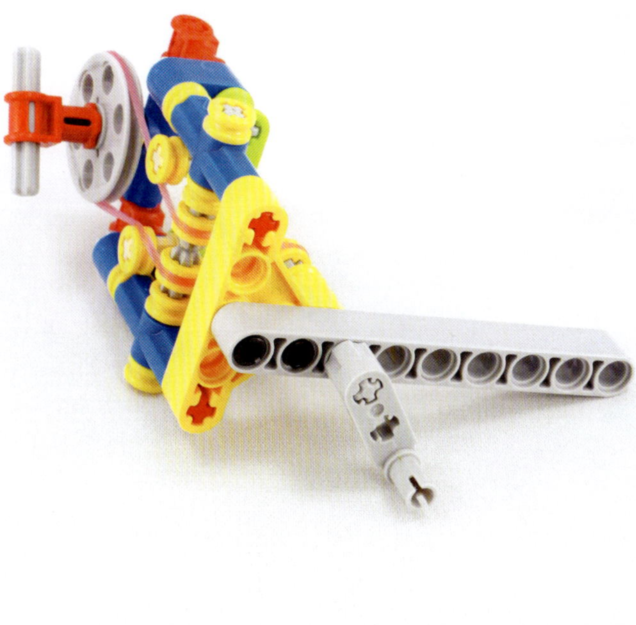

80

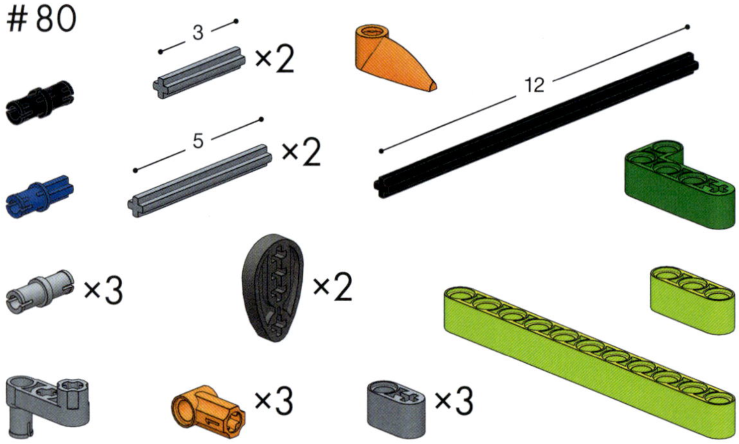

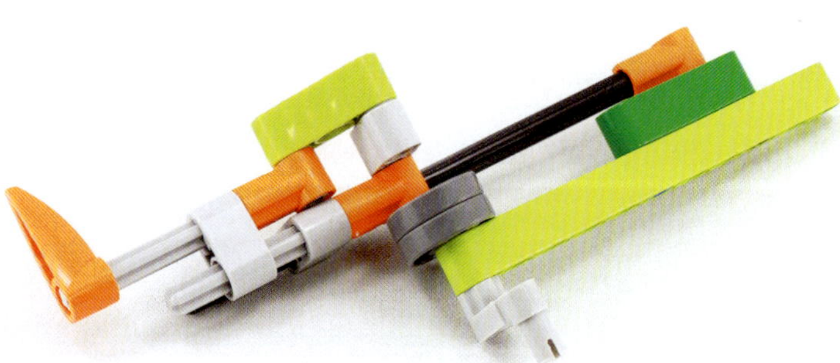

81

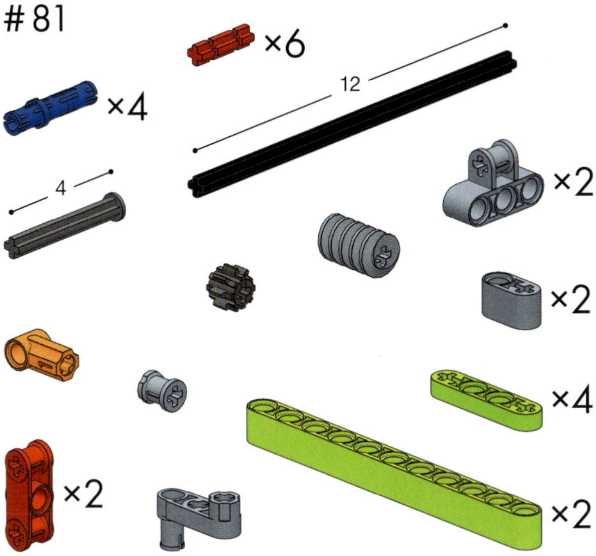

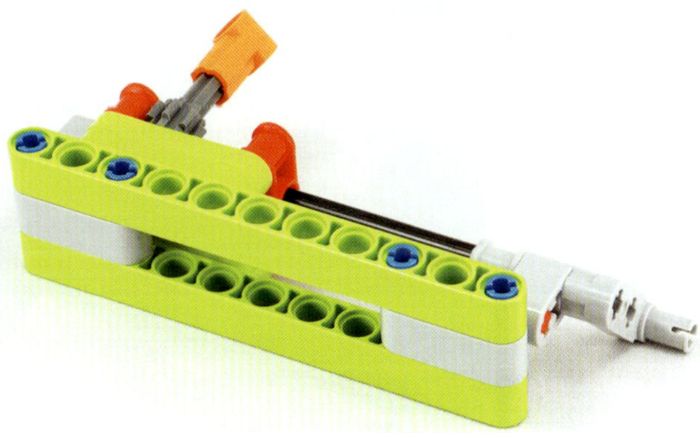

82

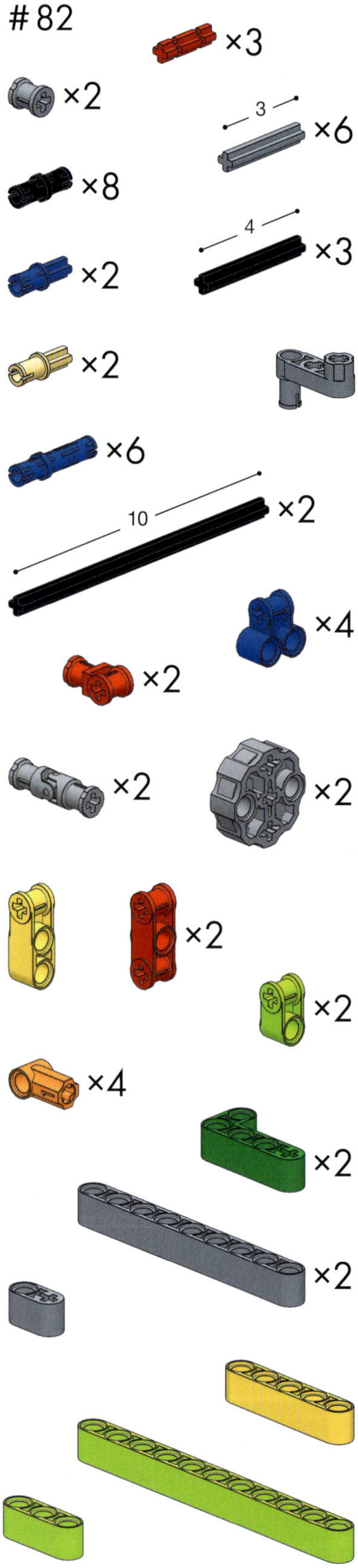

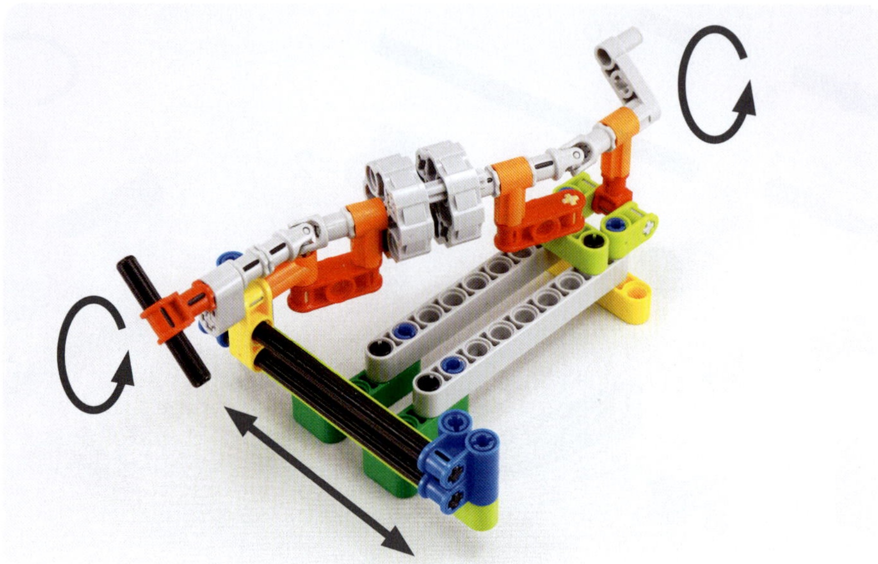

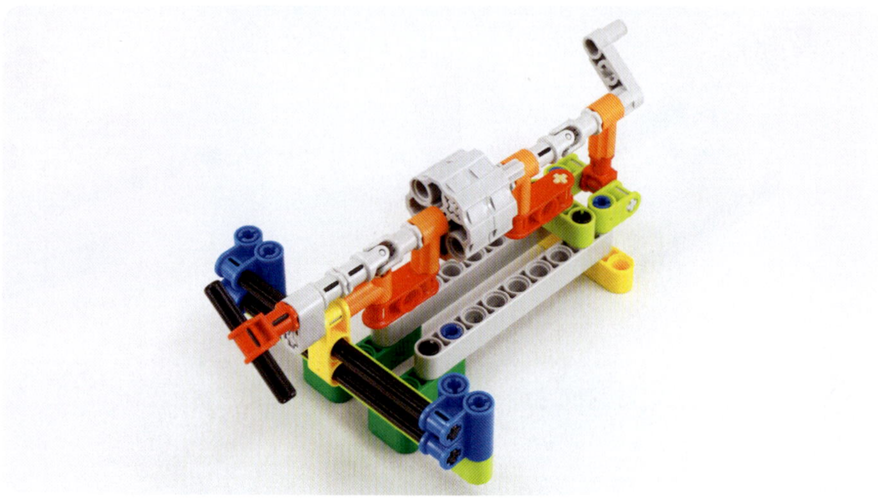

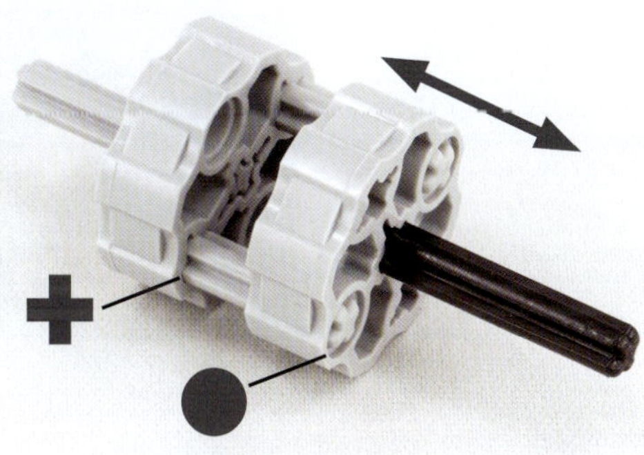

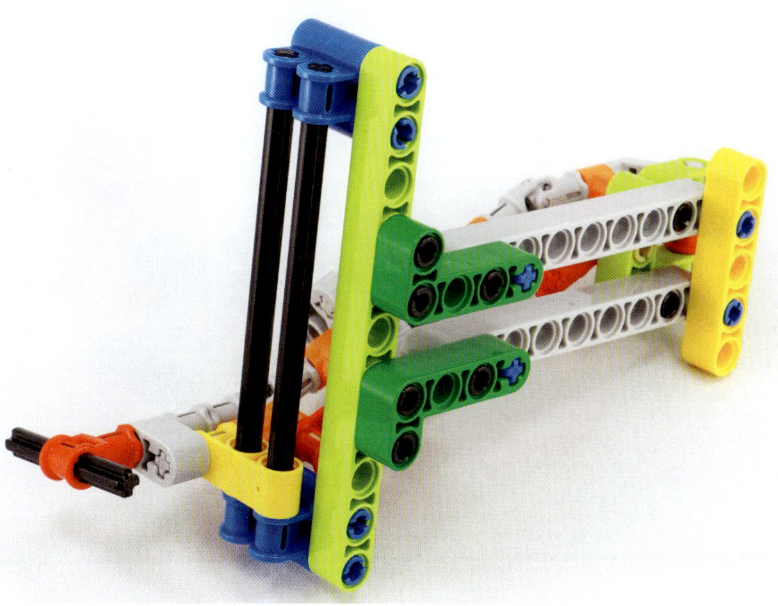

83

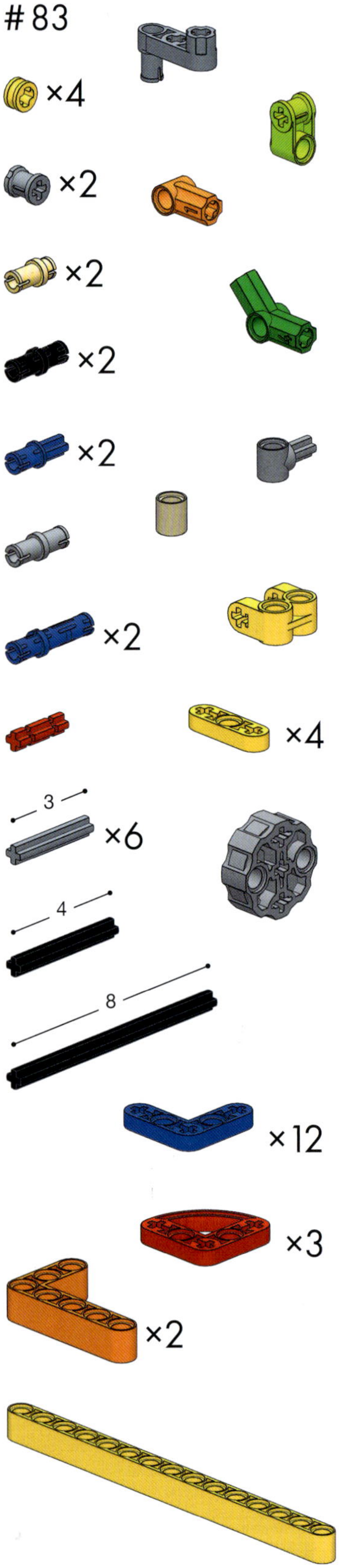

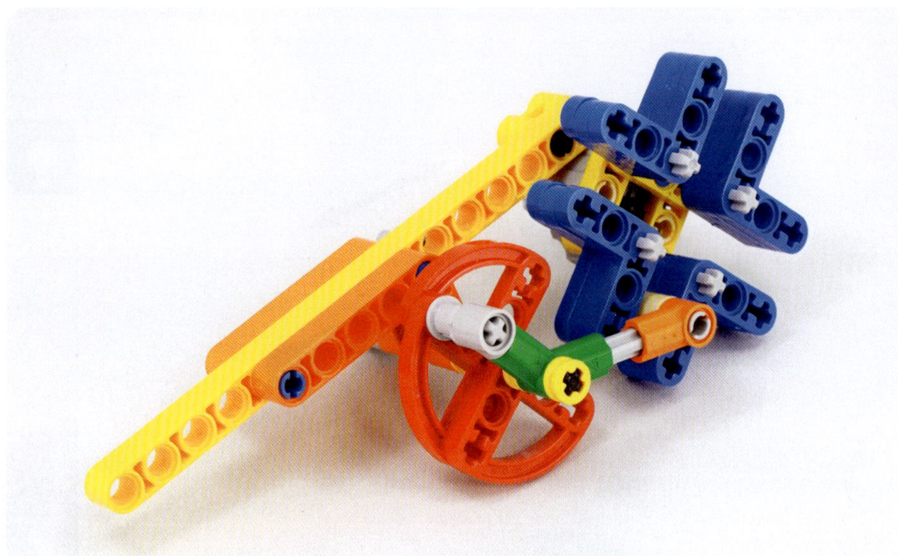

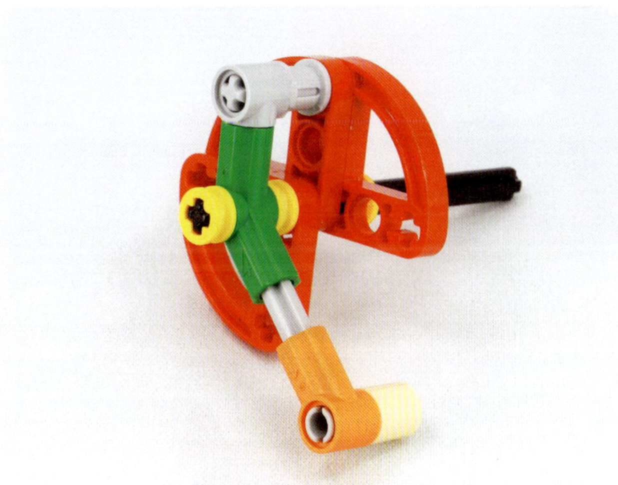

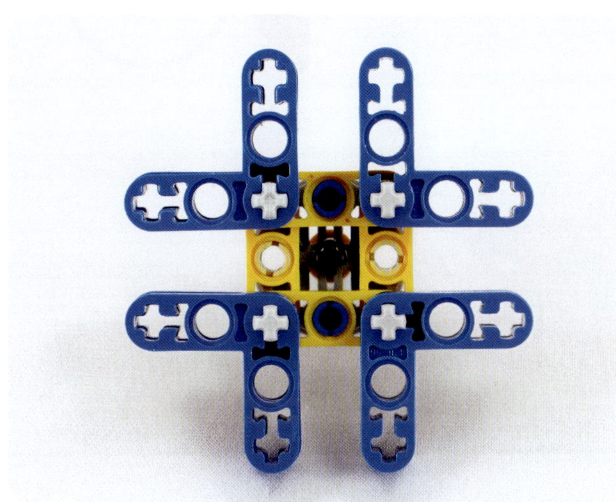

Spiel und Spaß

#84

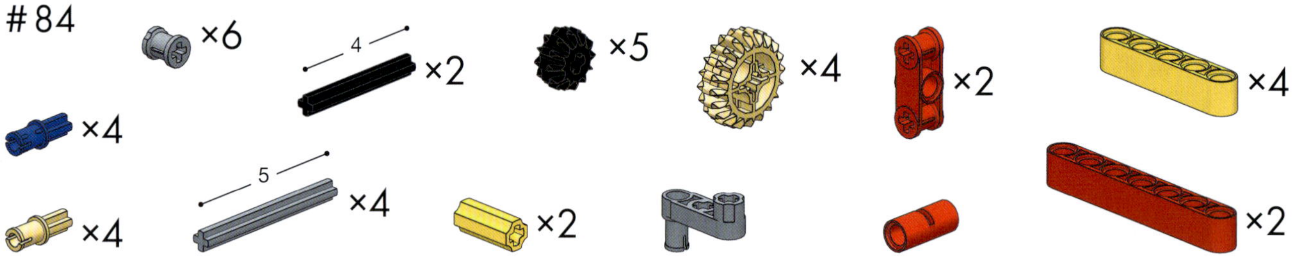

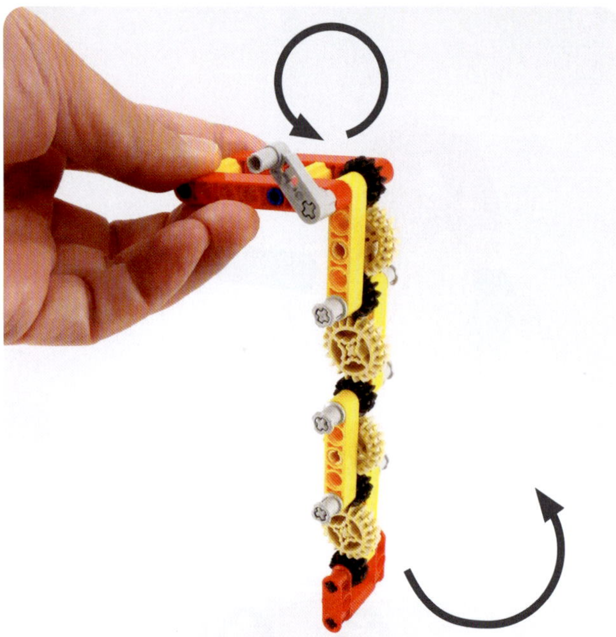

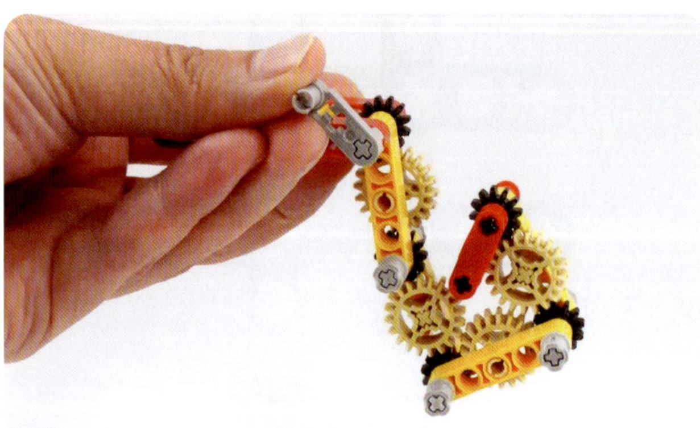

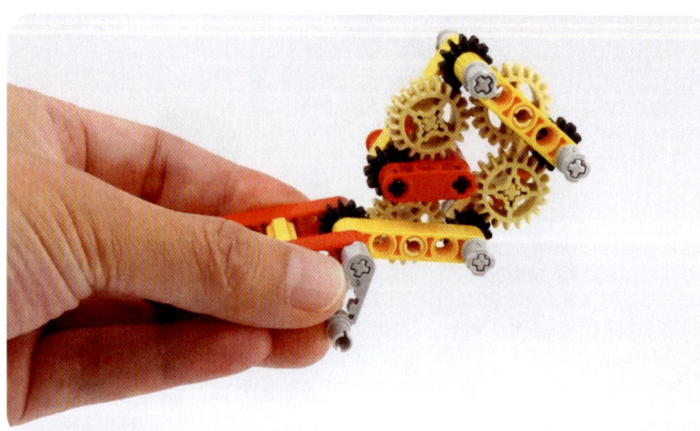

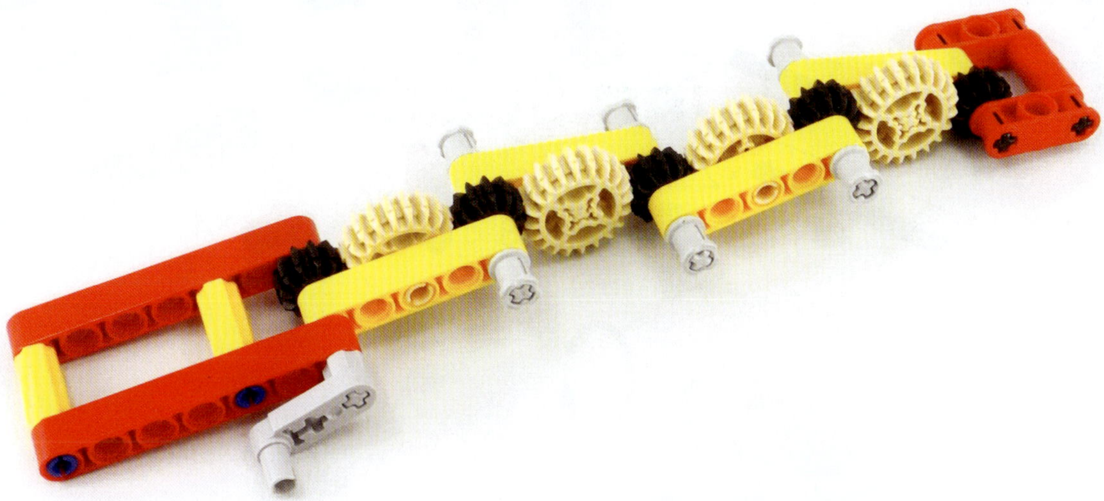

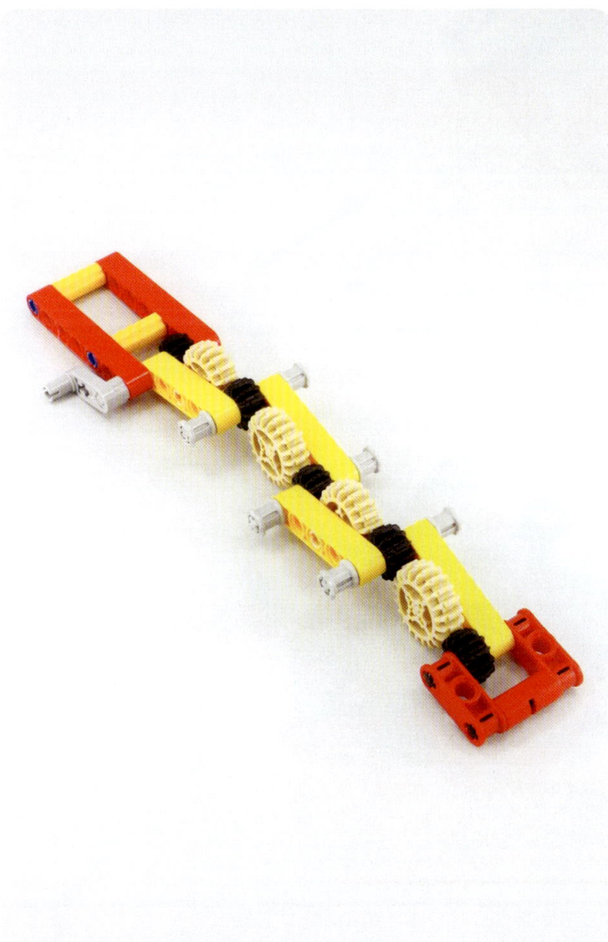

#85

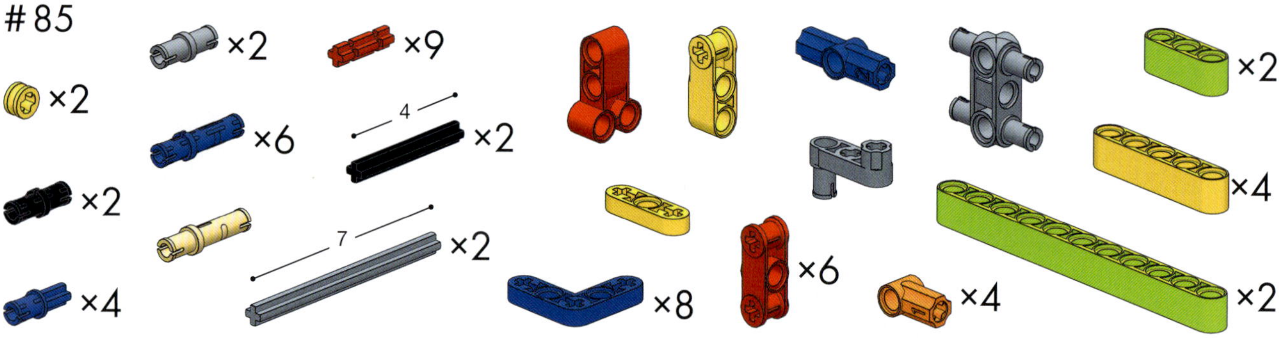

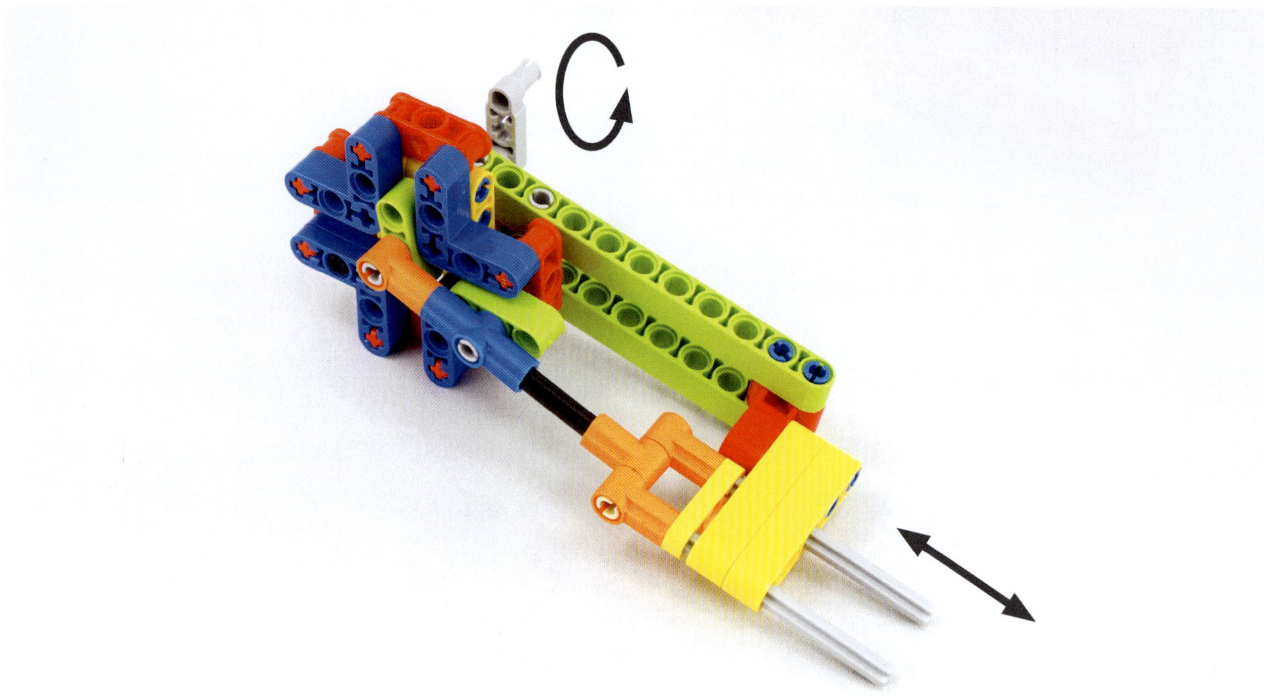

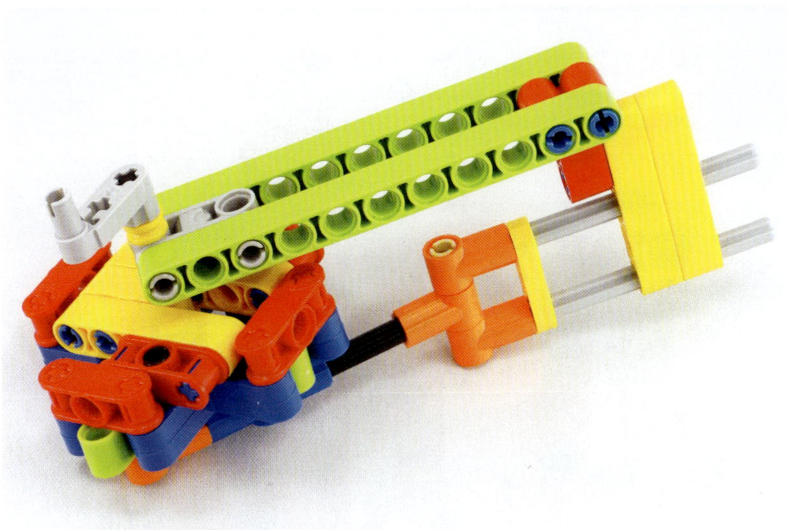

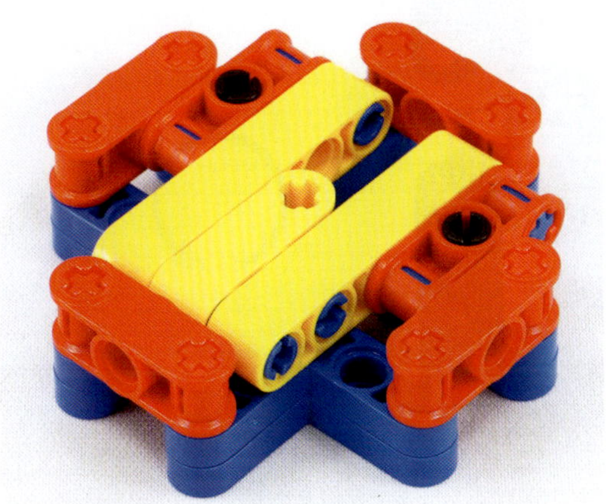

#86

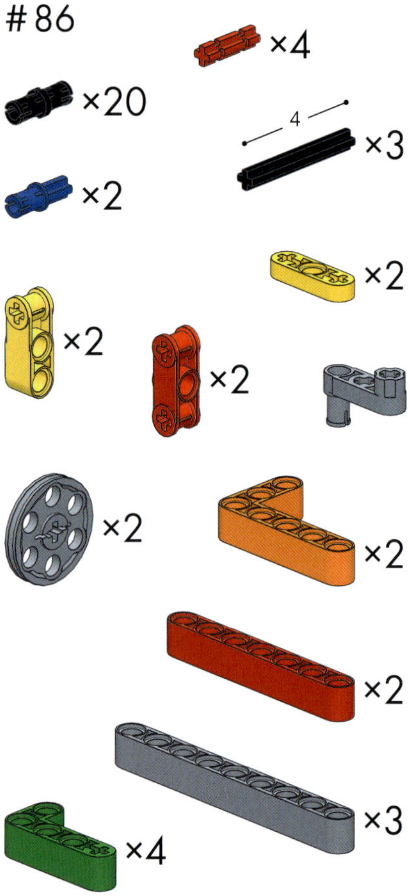

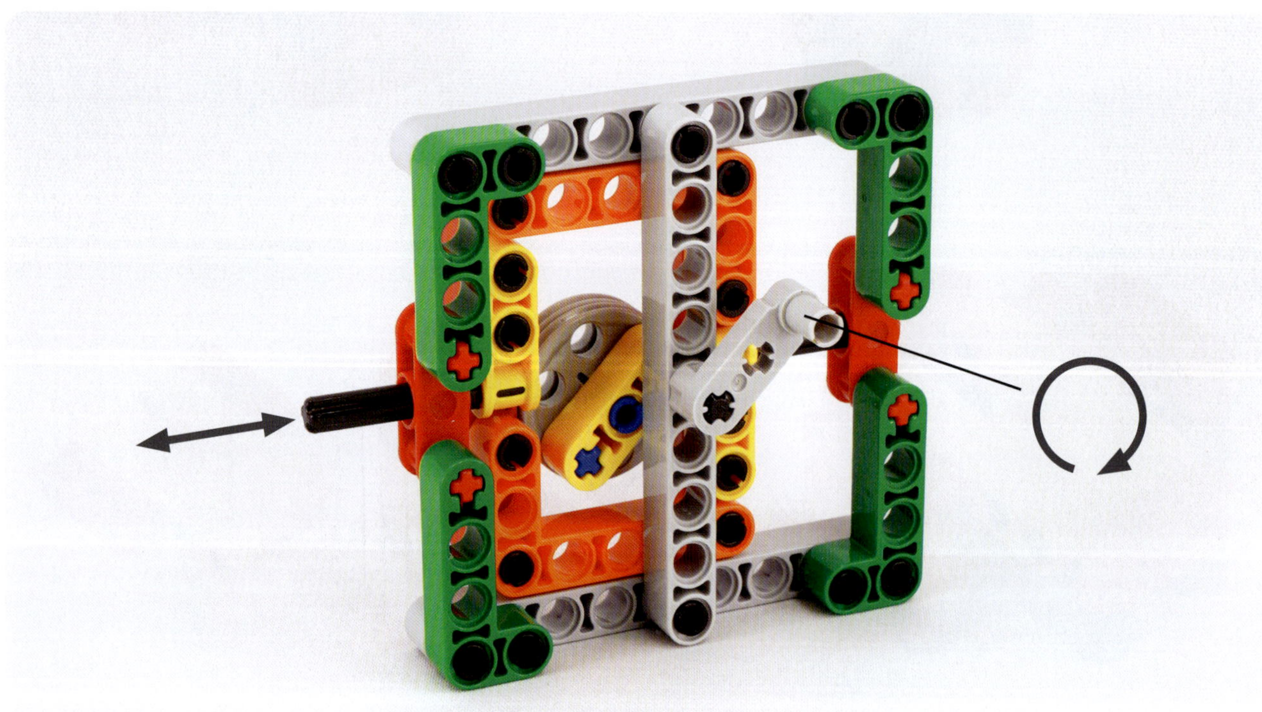

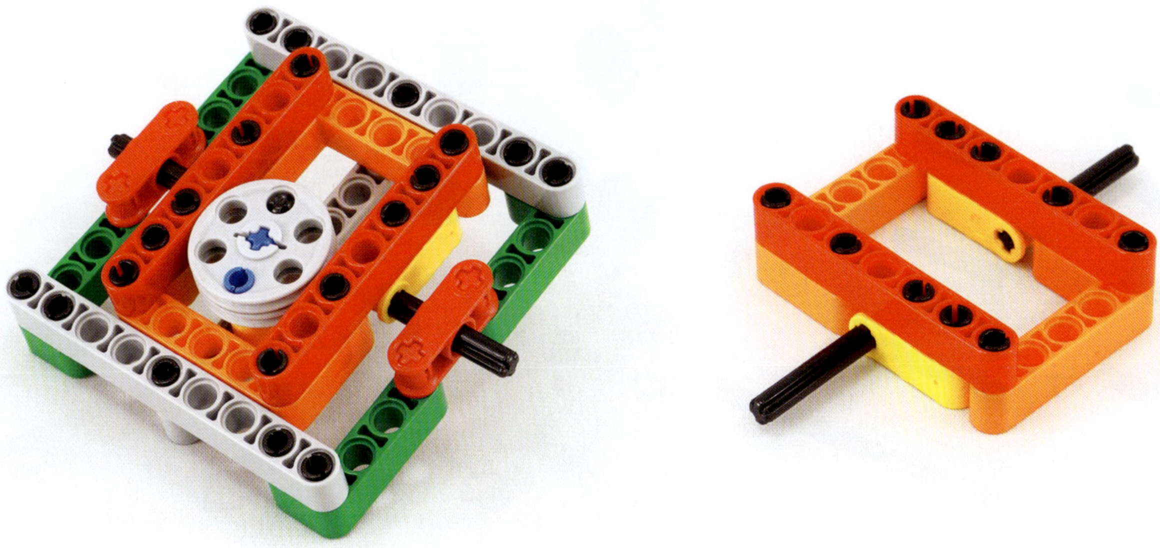

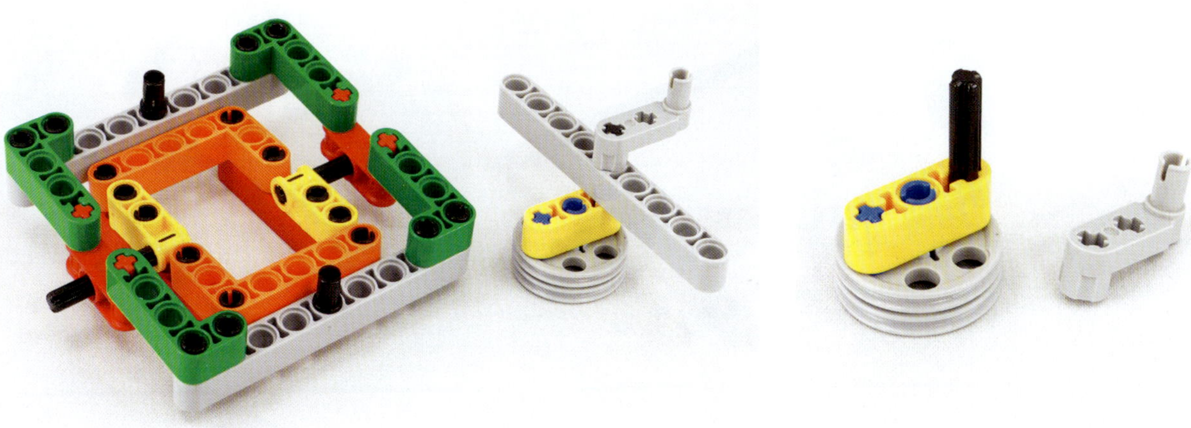

87

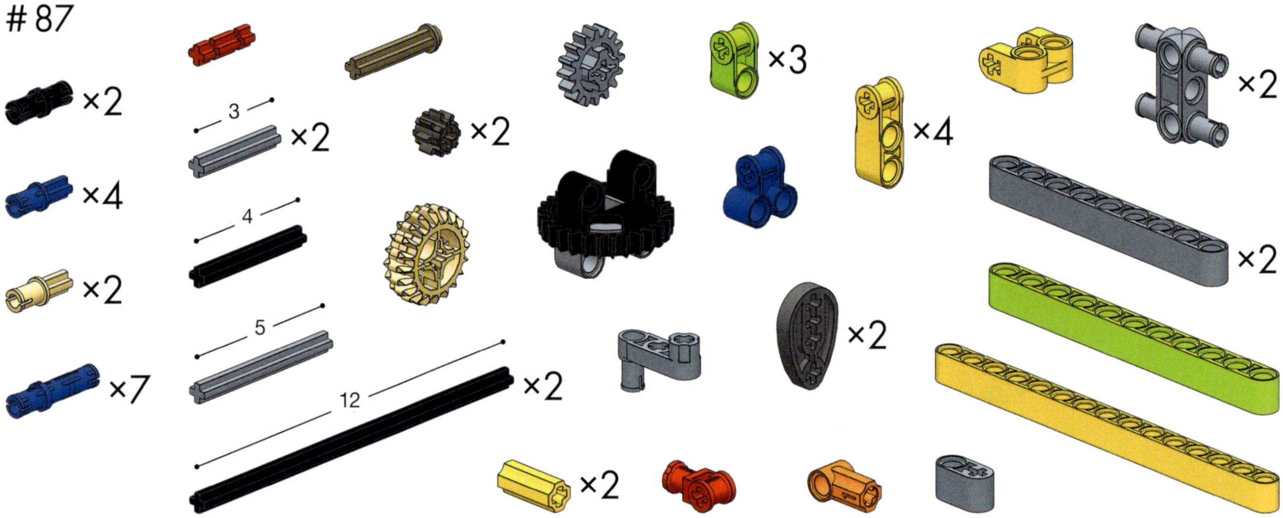

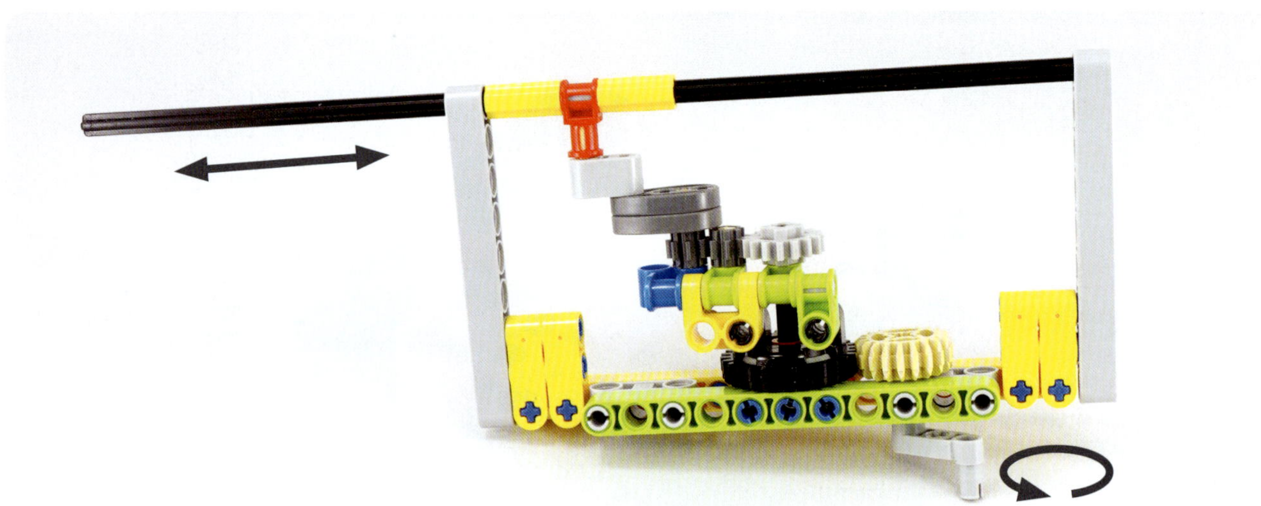

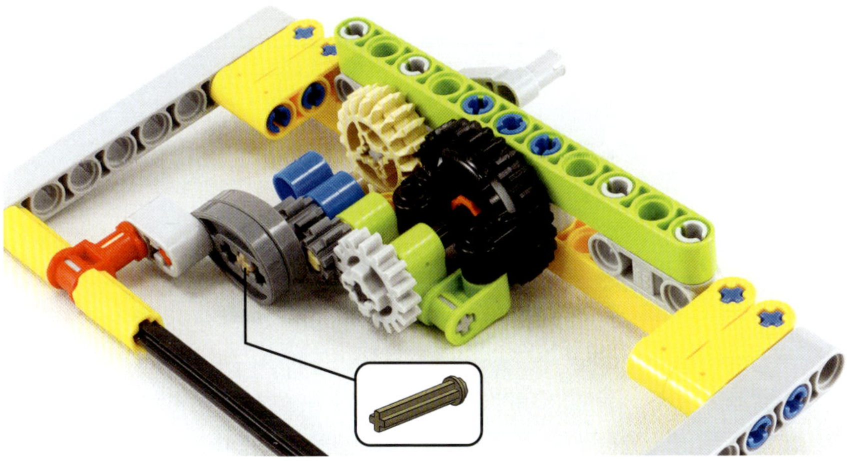

Ordne die Zahnräder wie hier gezeigt an.

88

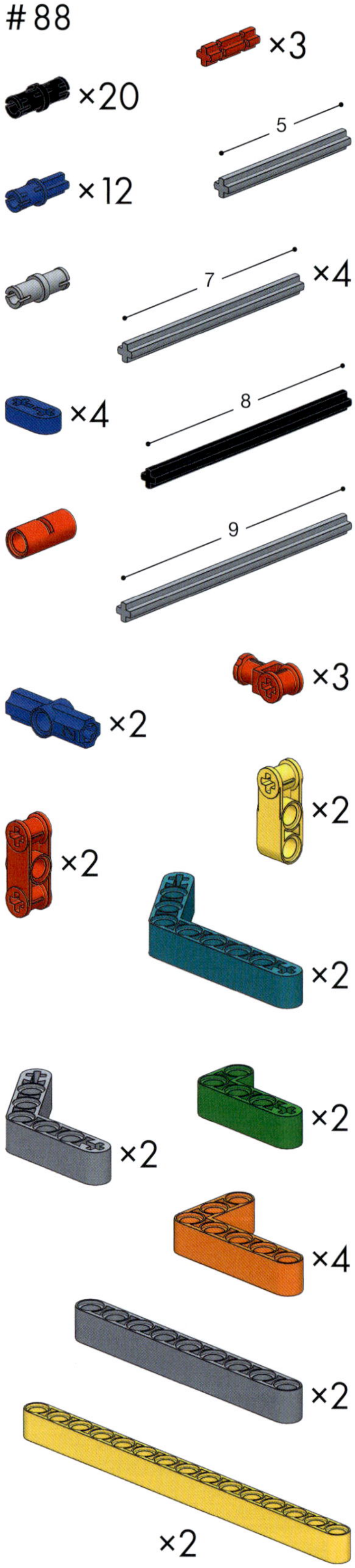

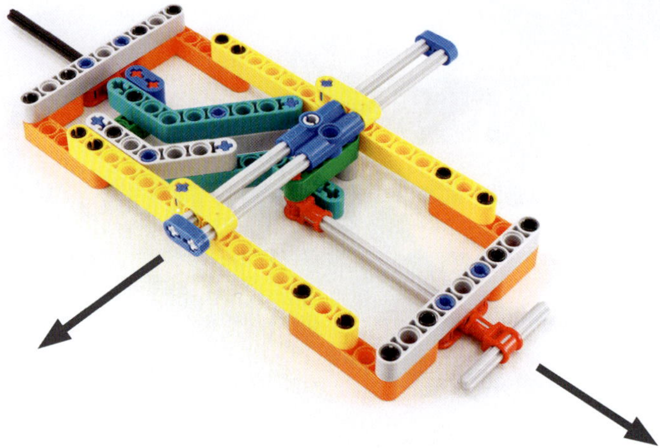

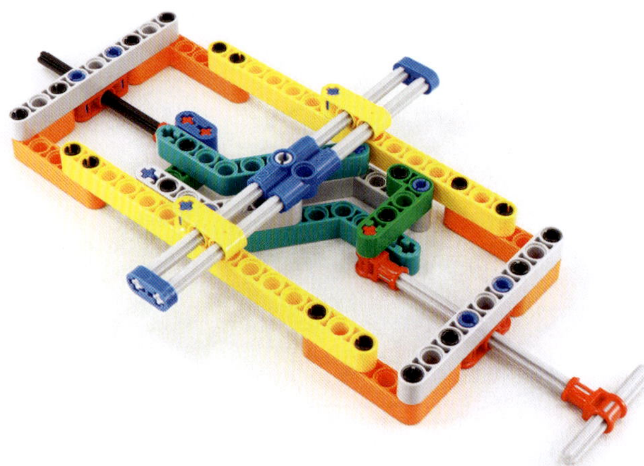

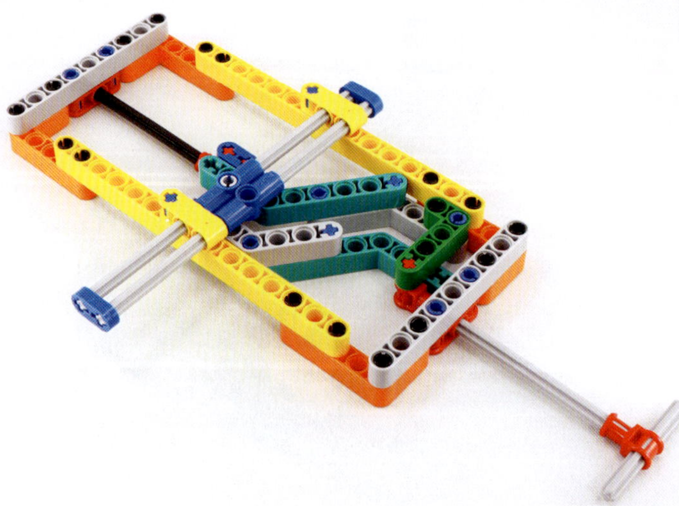

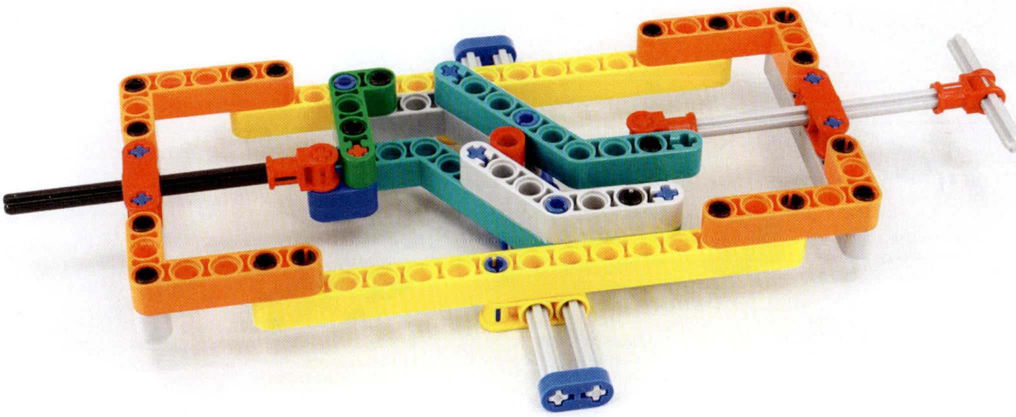

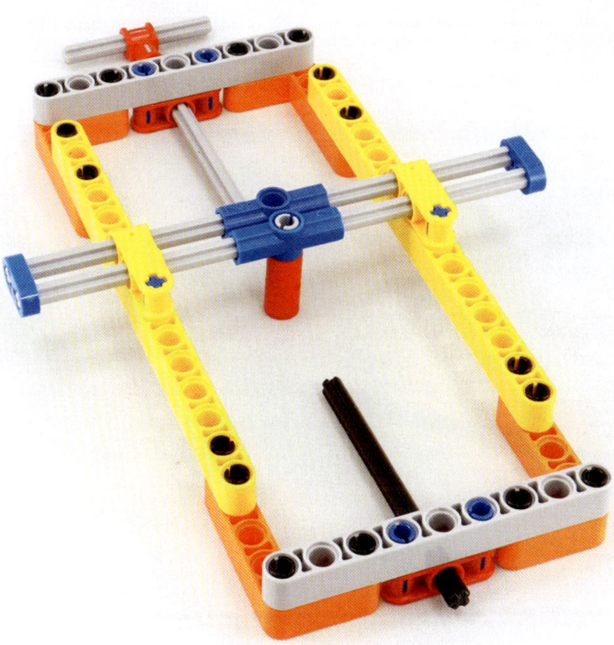

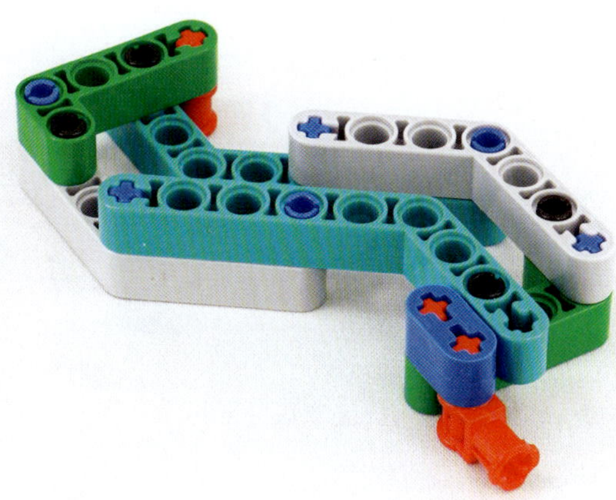

#89

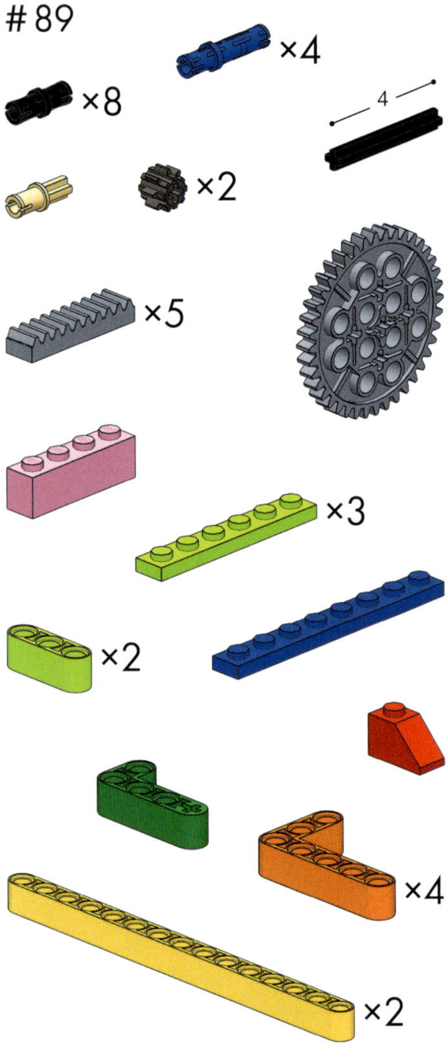

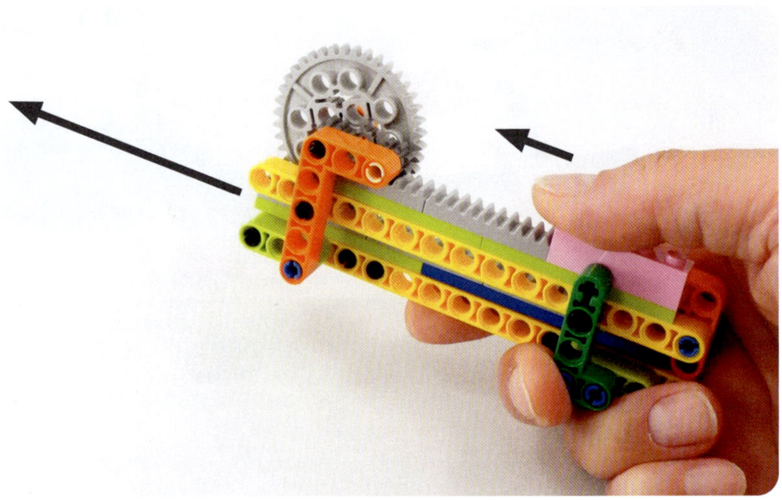

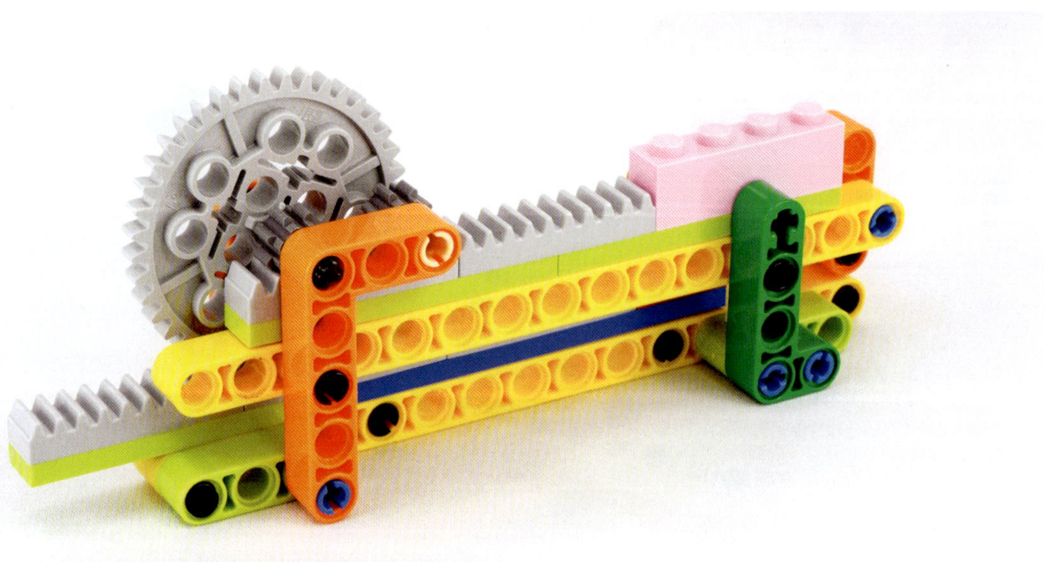

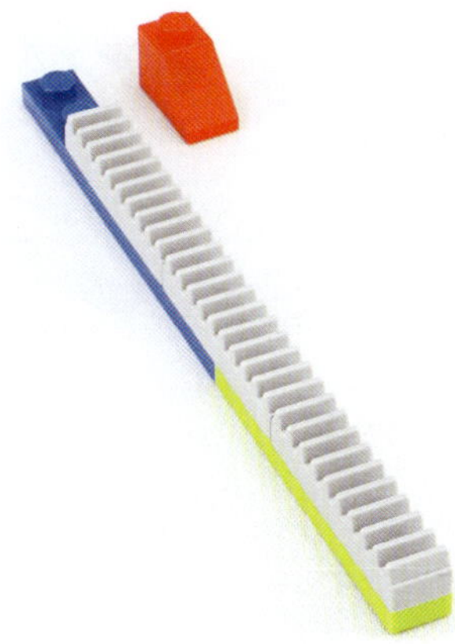

Stelle die Zahnräder wie abgebildet so ein, dass die Enden der roten und rosa Teile auf einer Höhe liegen, wenn du den Griff ganz zurückziehst.

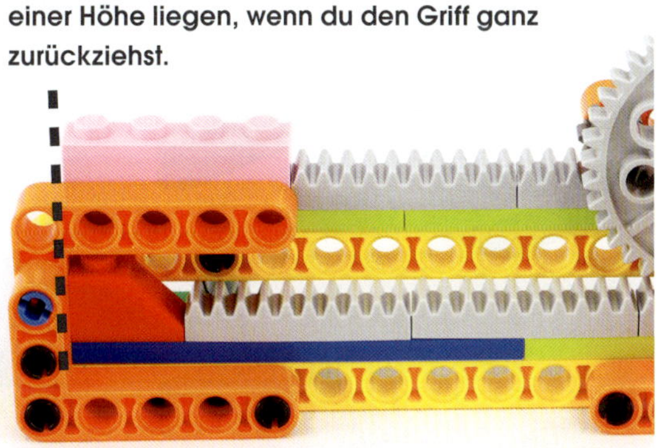

#90

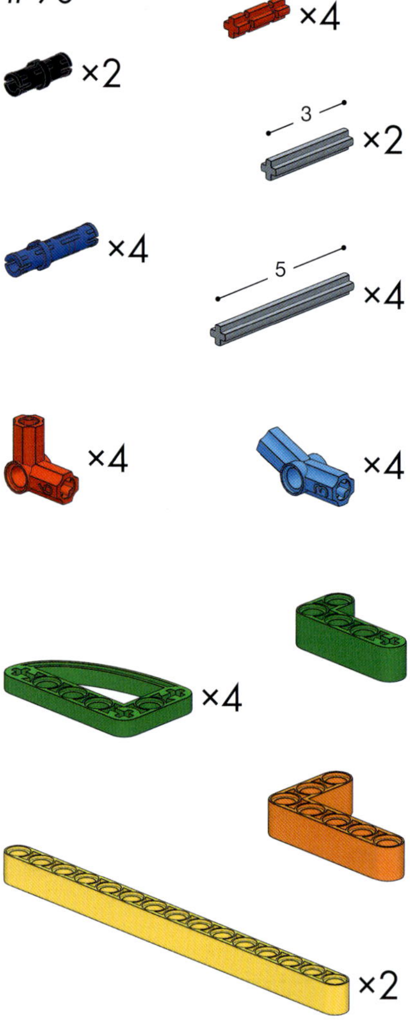

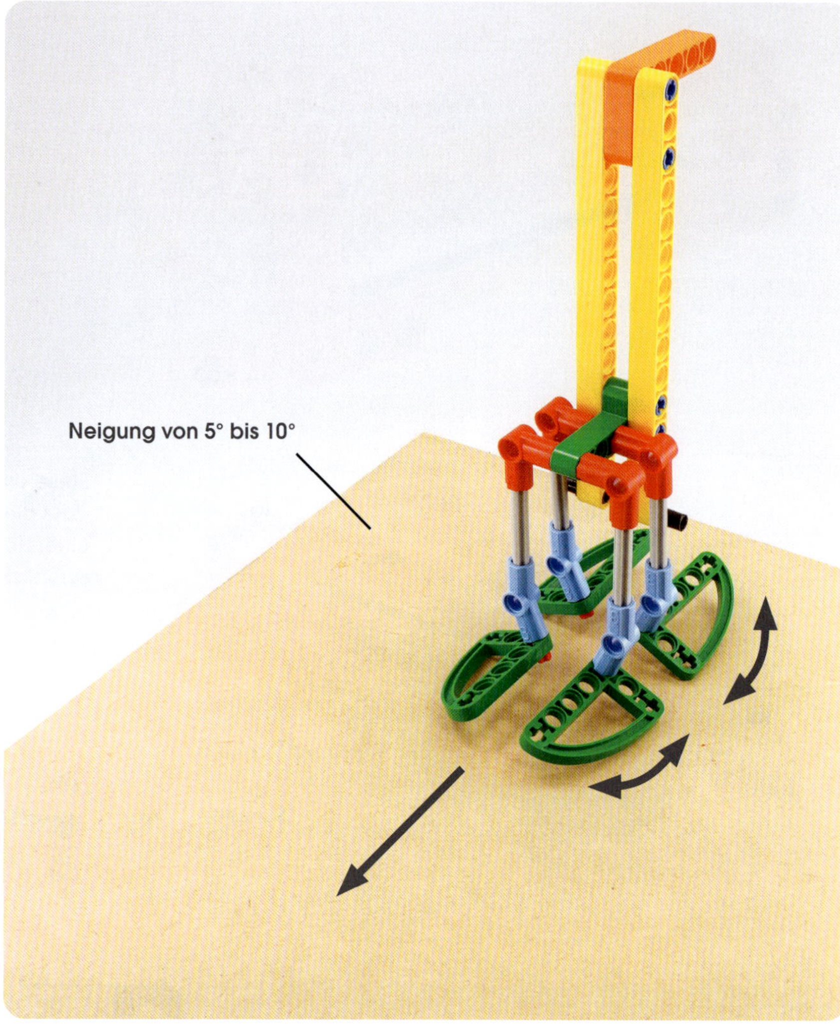

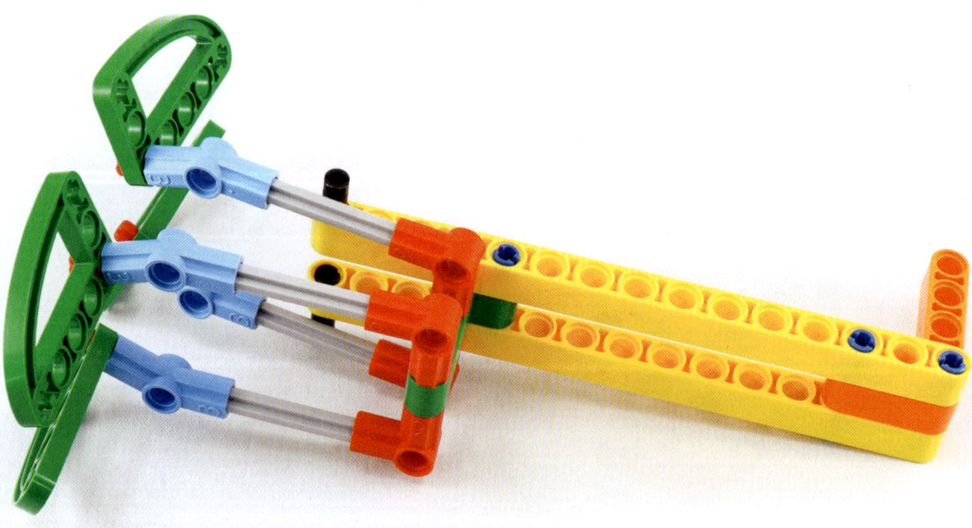

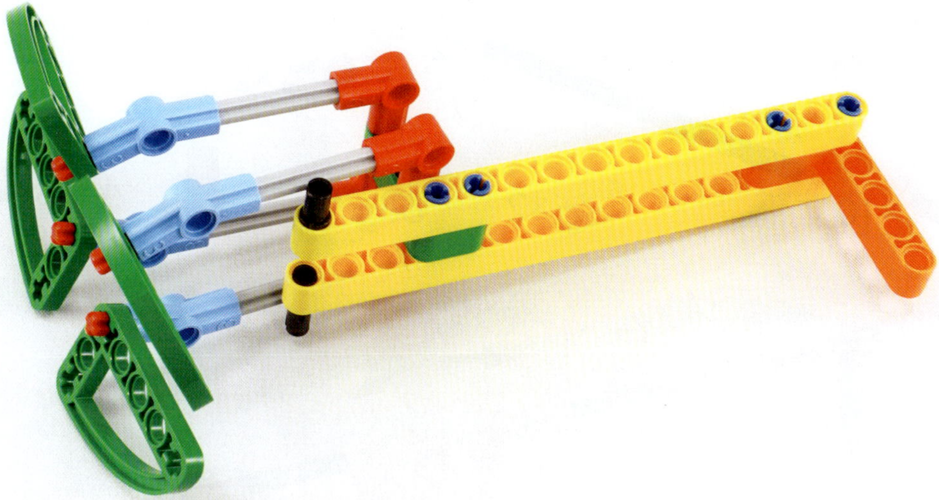

Solange die Oberfläche des Abhangs nicht rutschig ist, kann das Hinzufügen solcher Gewichte dem Modell helfen, besser zu laufen.

#91

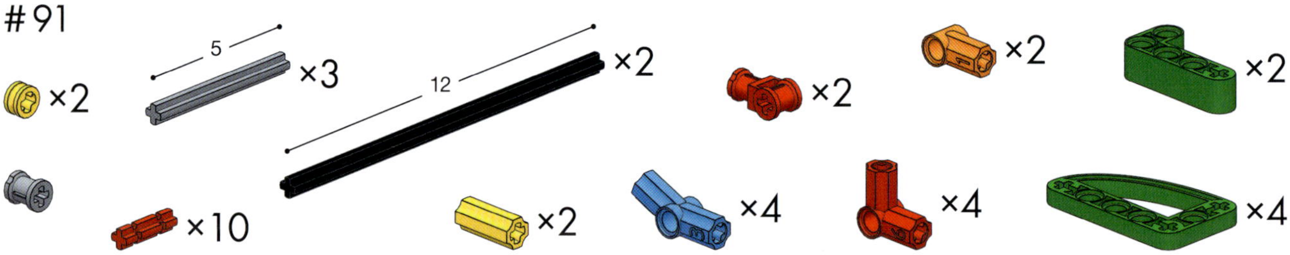

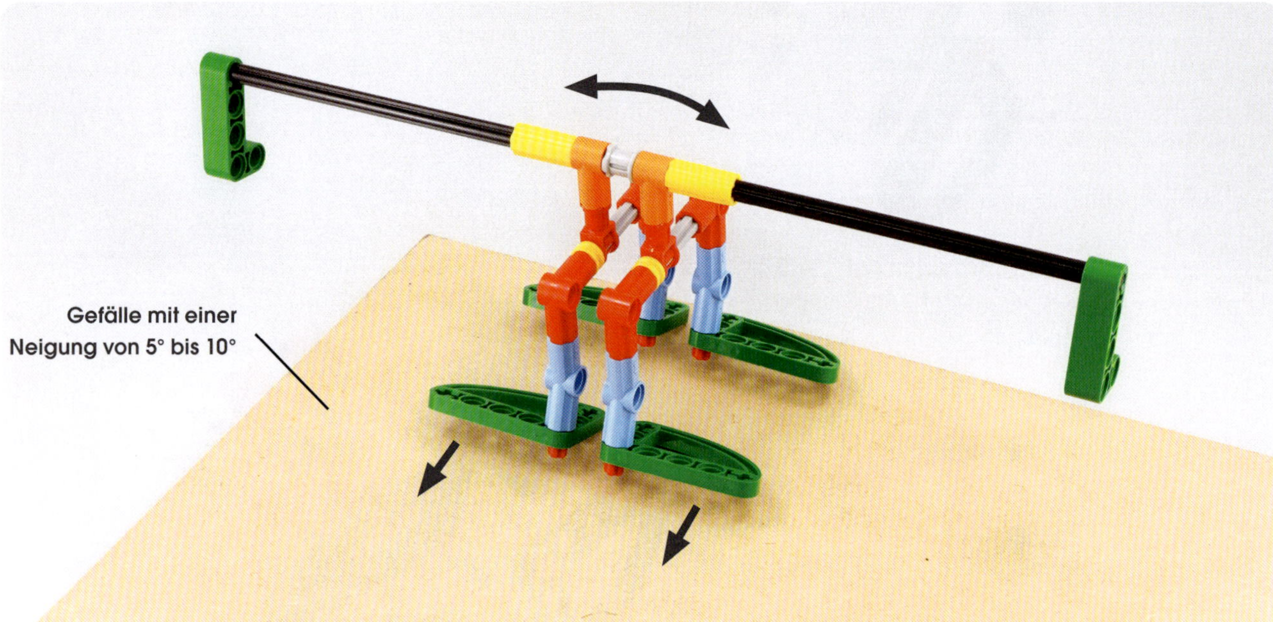

Stelle die Neigung so ein, dass sich der linke und der rechte Fuß abwechselnd in kleinen Schritten bewegen. Beachte, dass dieses Modell nicht gut laufen kann, wenn die Oberfläche des Abhangs rutschig ist.

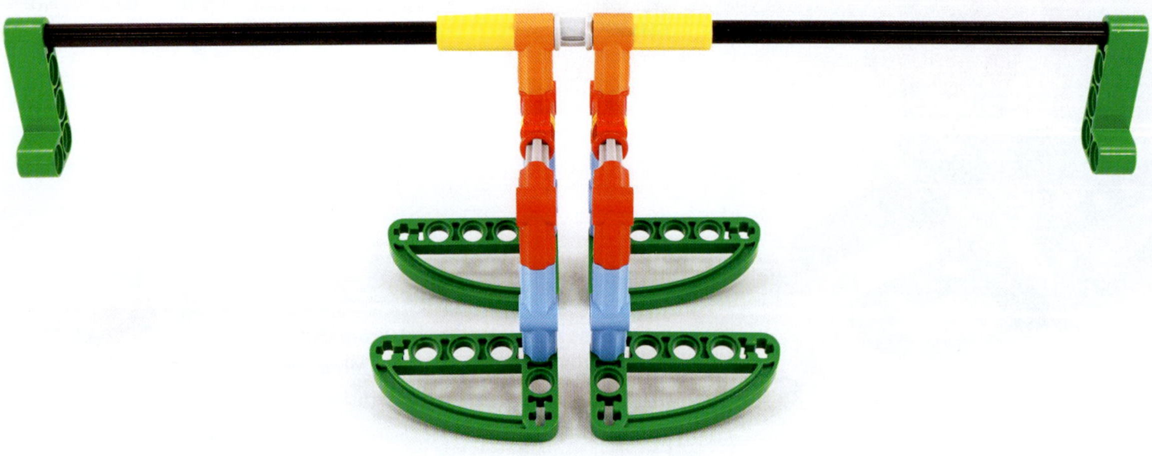

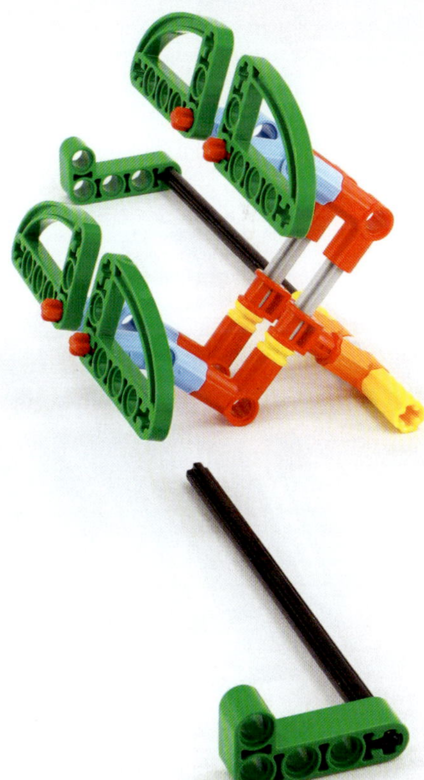

#92

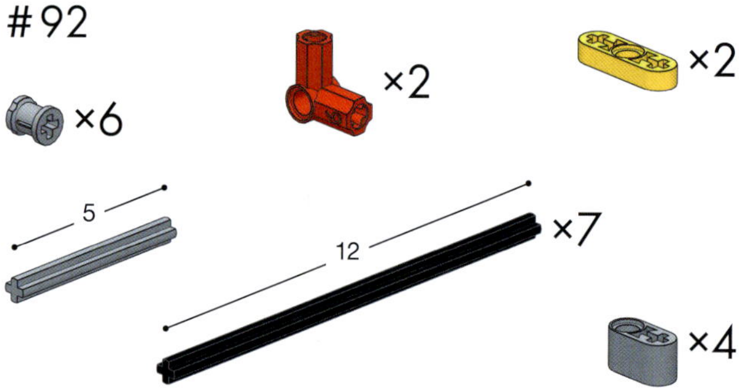

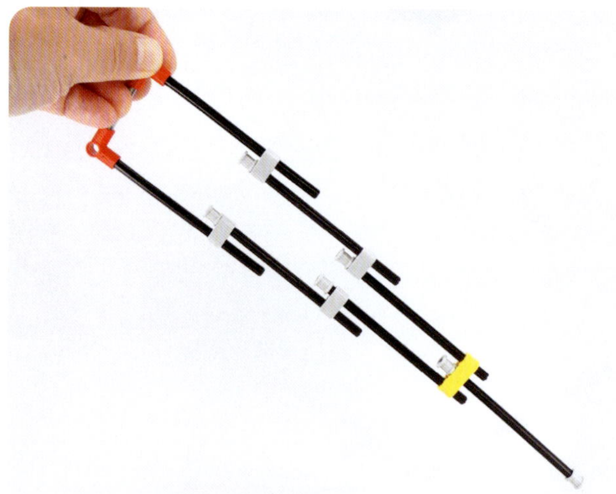

#93

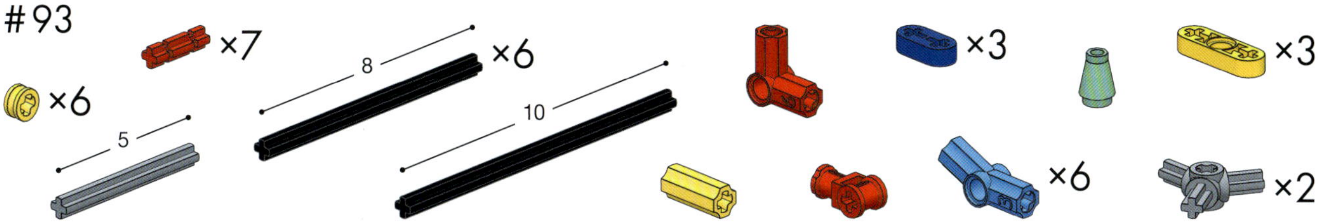

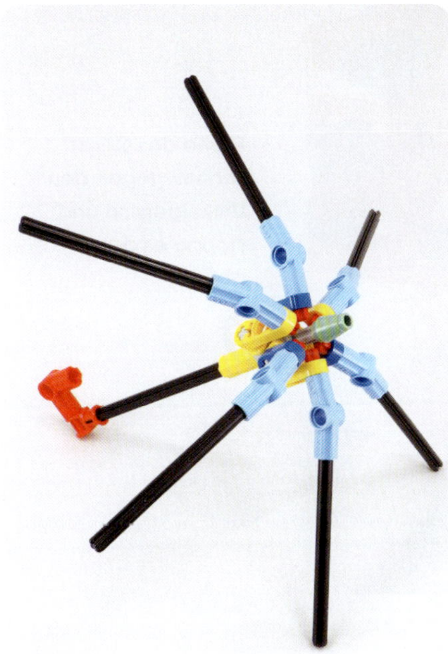

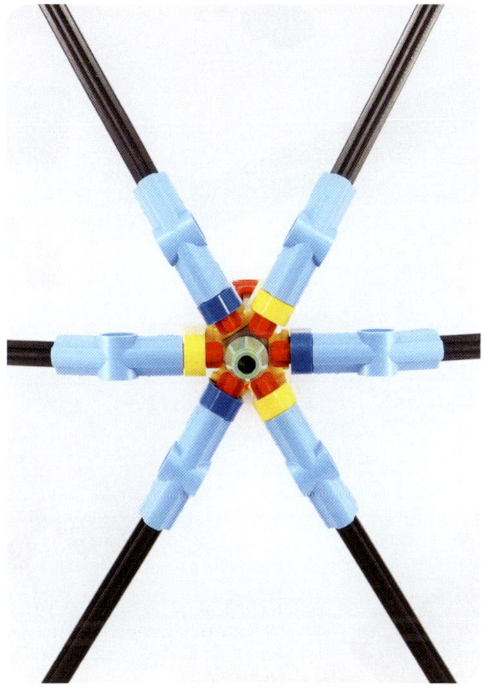

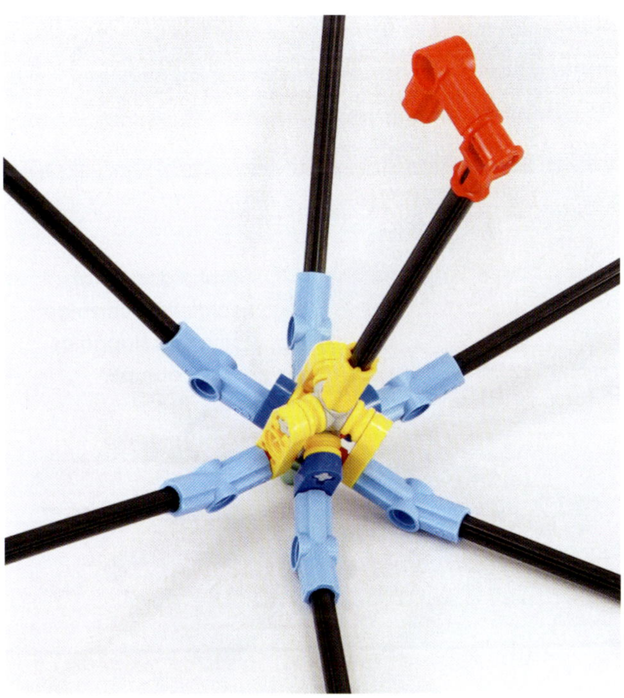

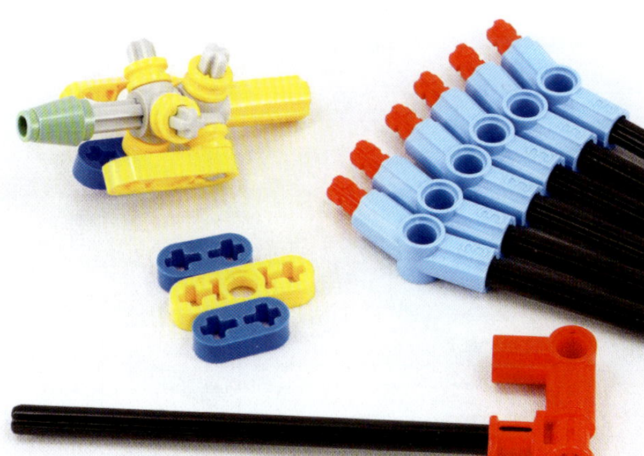

#94

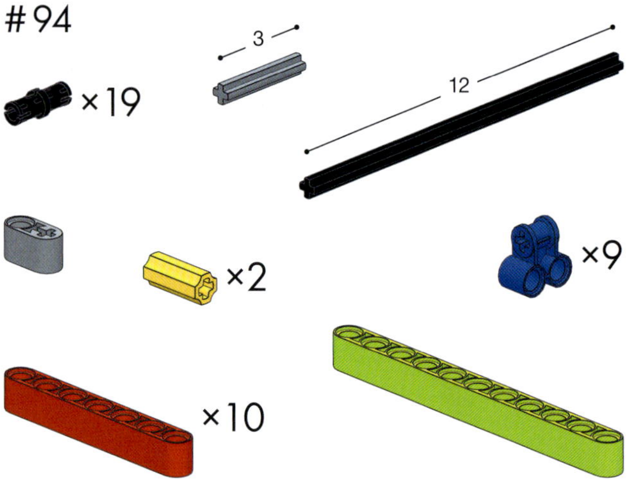

Drehe das Gerät schnell gegen den Uhrzeigersinn und stoppe es dann abrupt.

Drehe das Gerät schnell im Uhrzeigersinn und stoppe es dann abrupt.

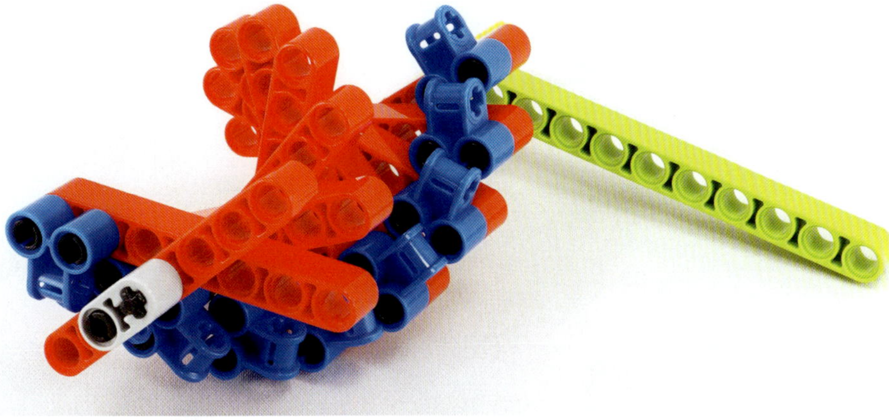

#95

 ×8

 ×8

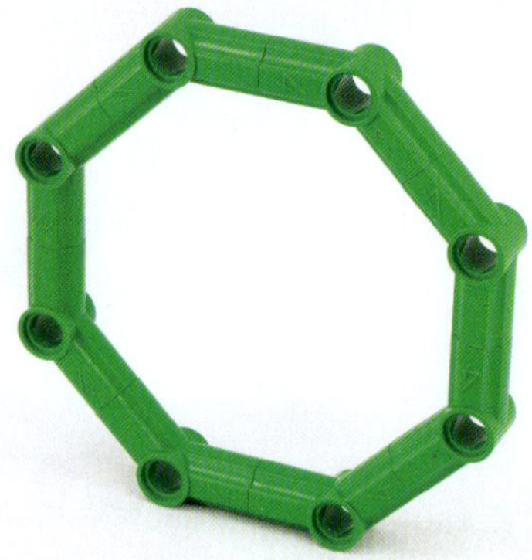

#96

 ×4

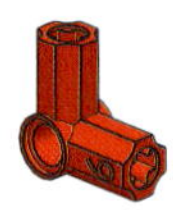 ×8

 ×8

 ×8

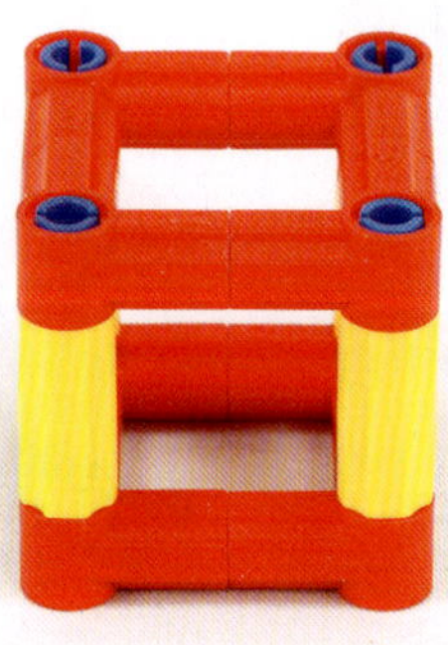

#97

 ×8

 ×12

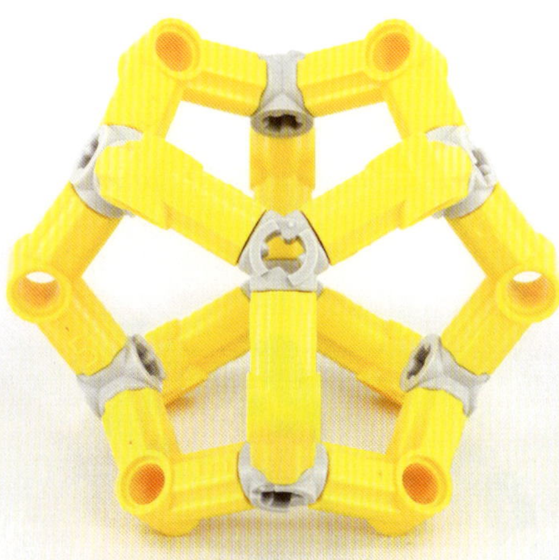

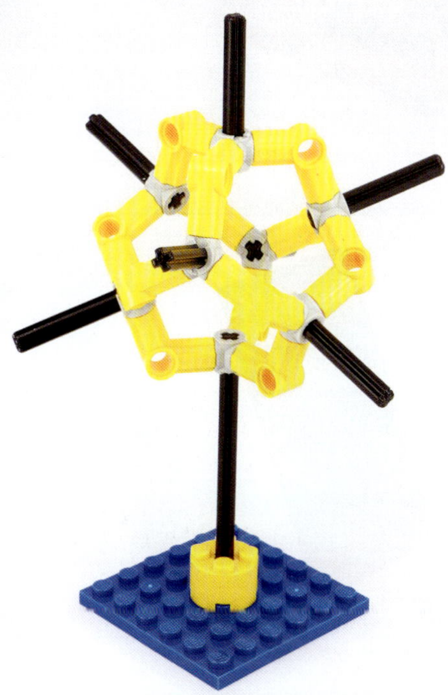

Praktische Tools und Zubehör

#98

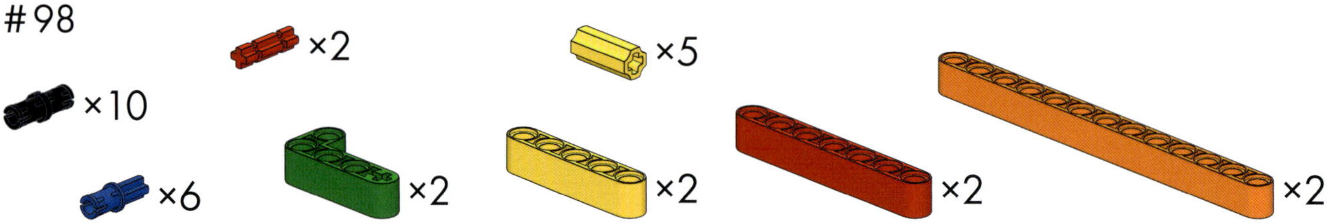

#99

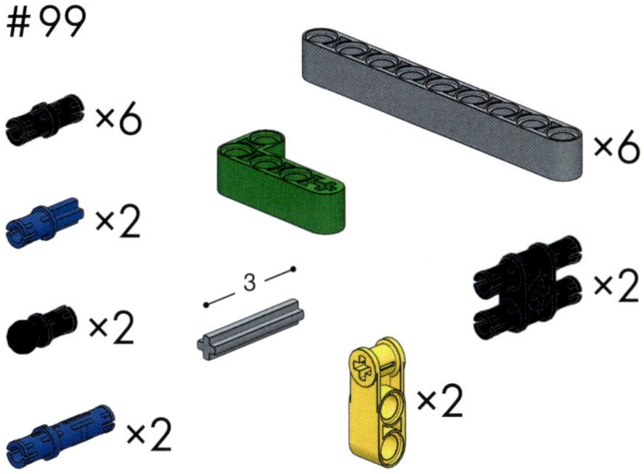

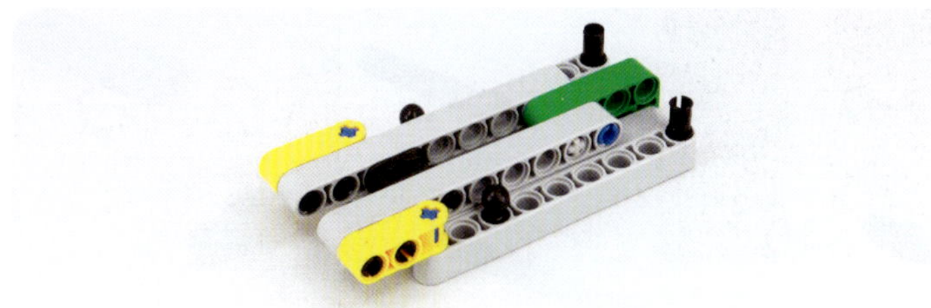

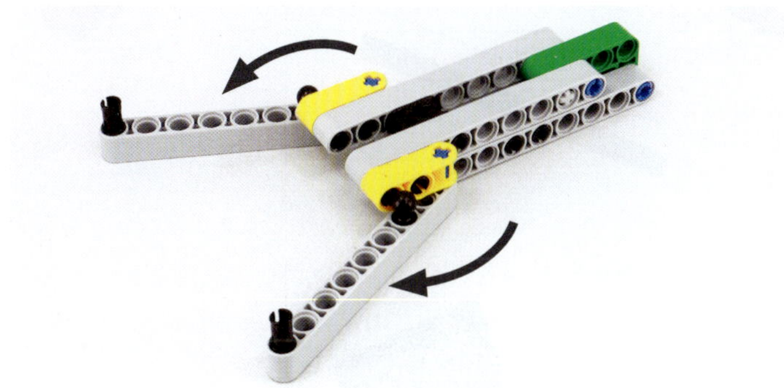

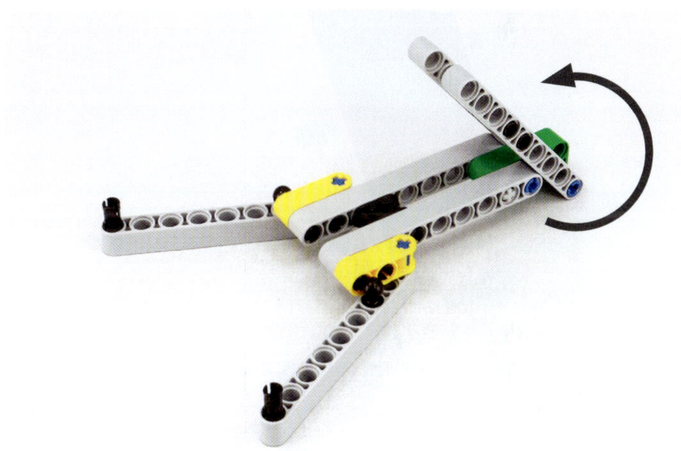

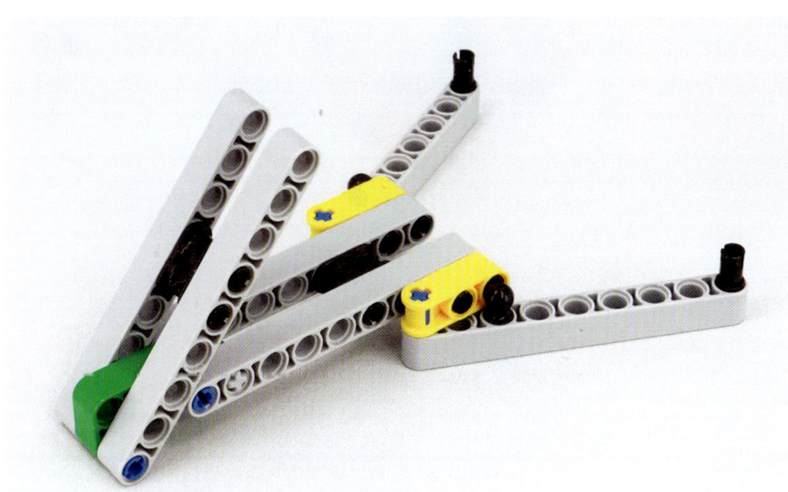

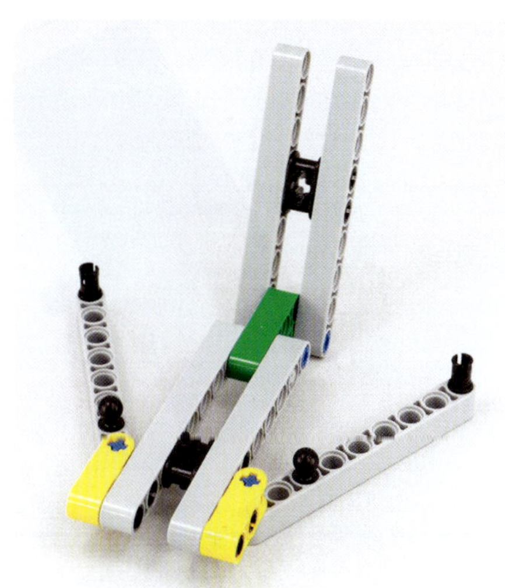

100

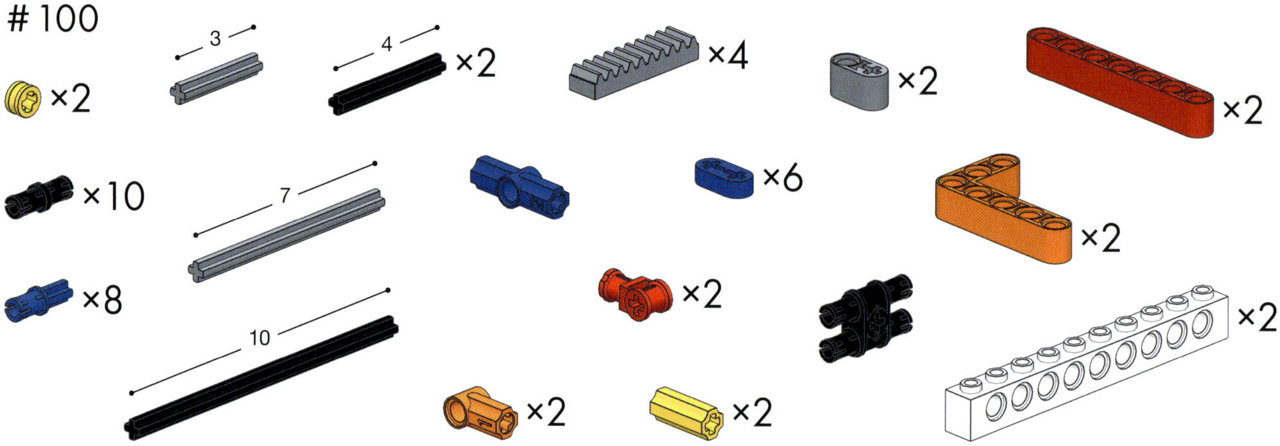

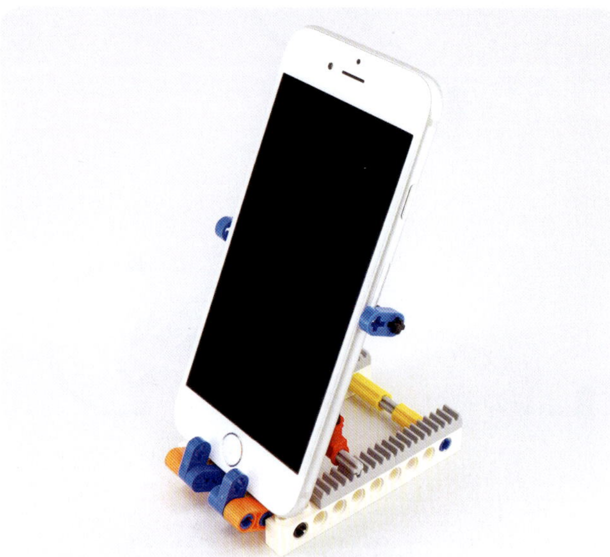

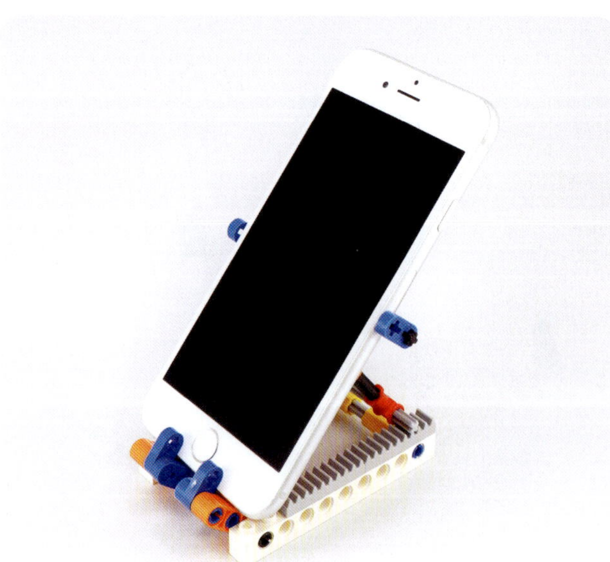

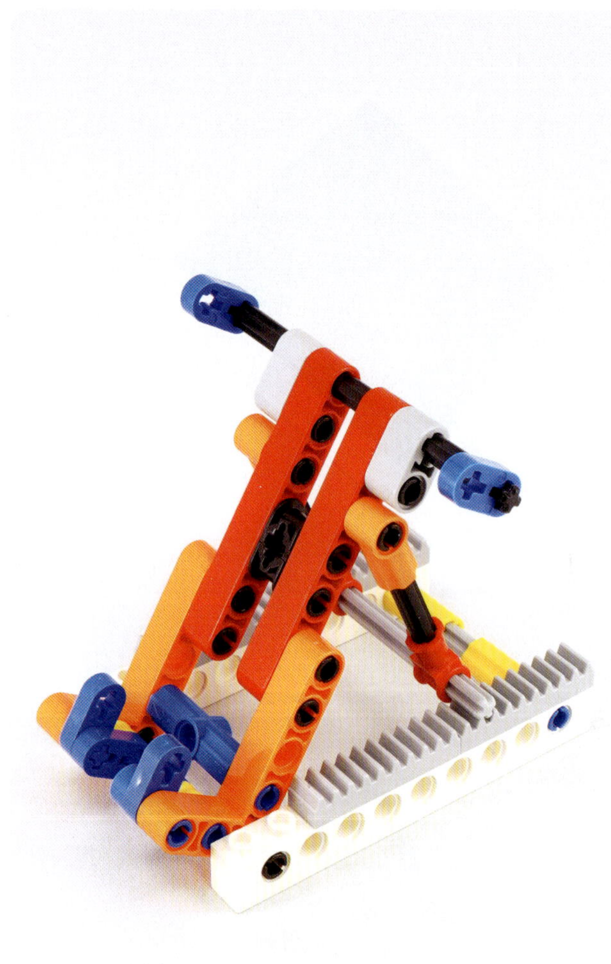

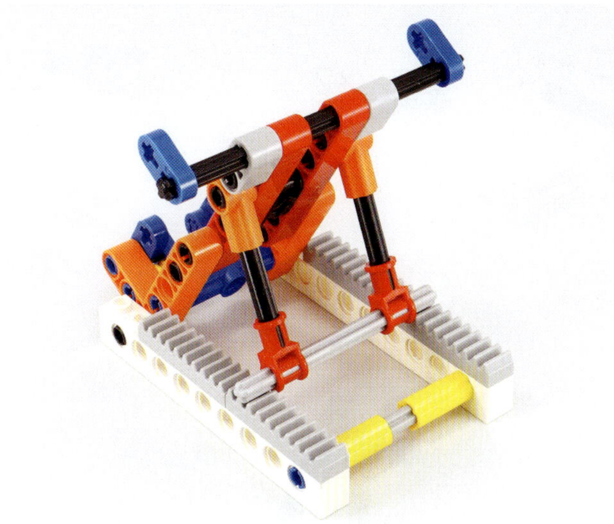

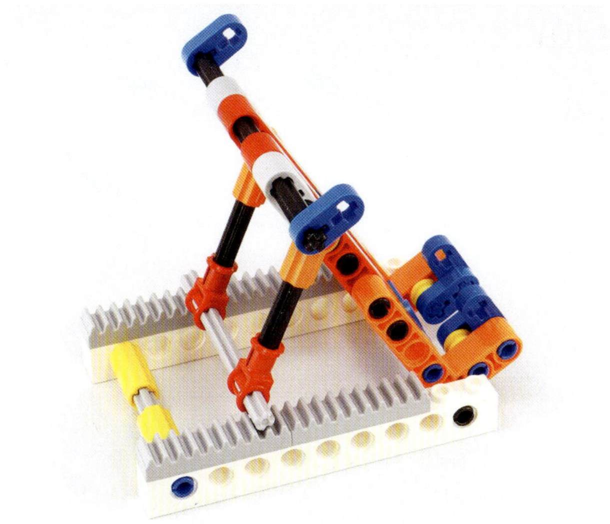

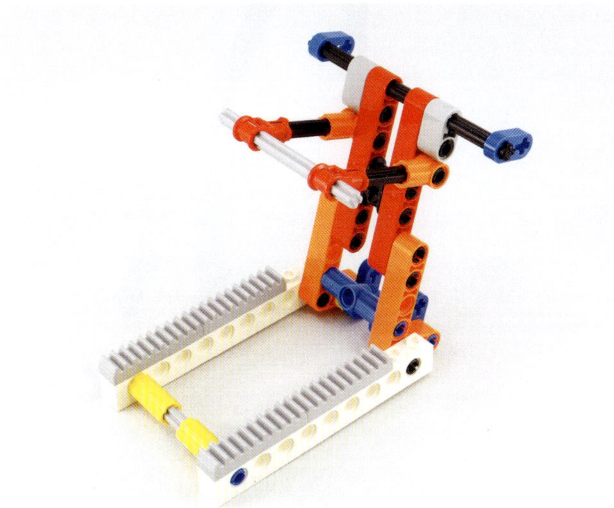

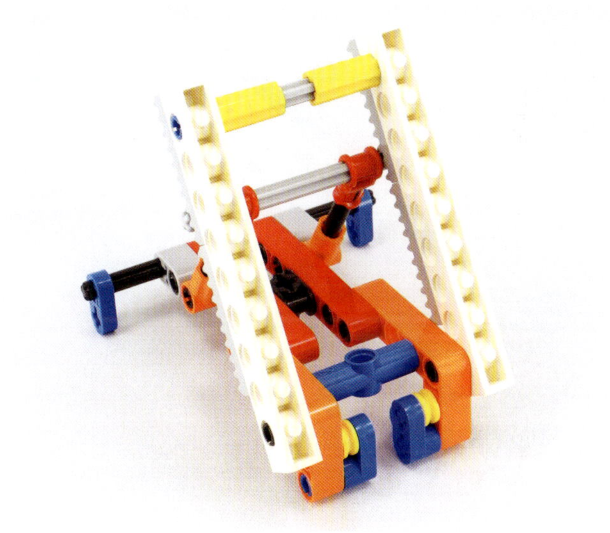

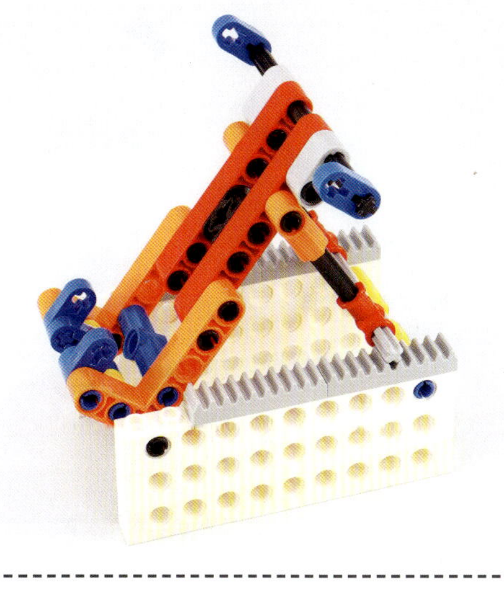

101

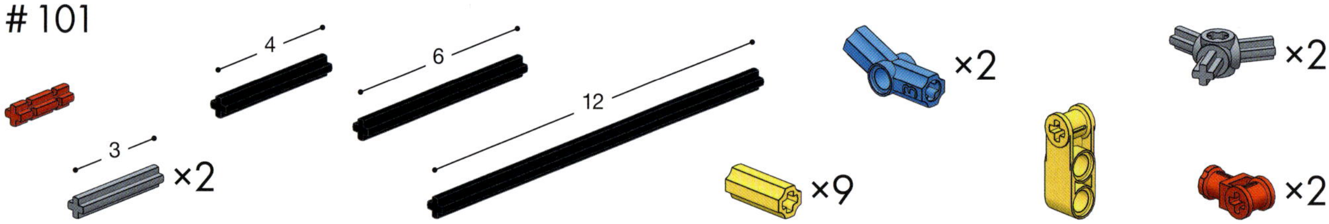

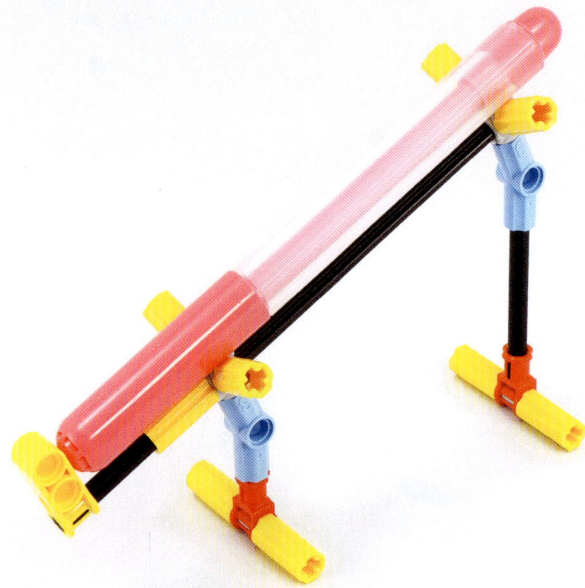

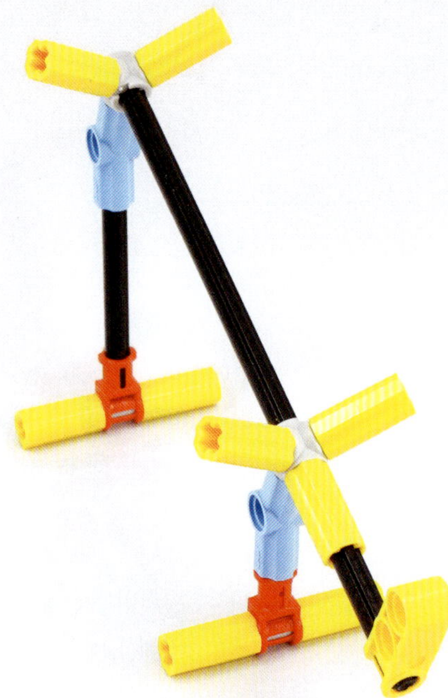

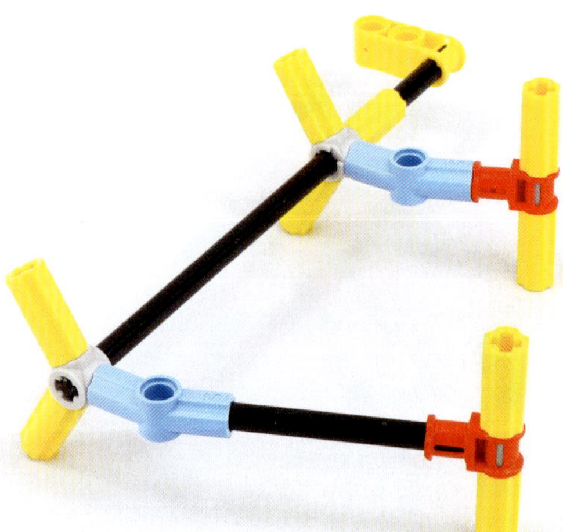

102

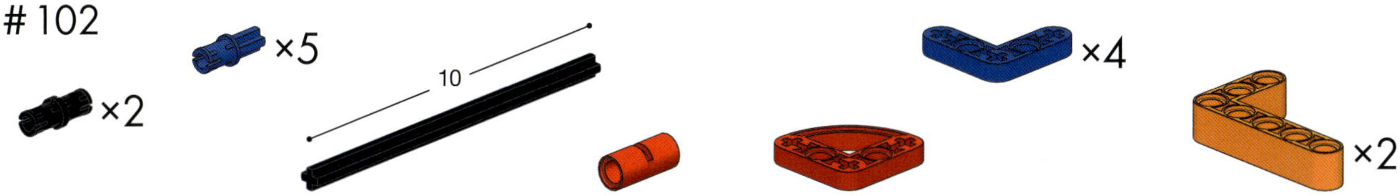

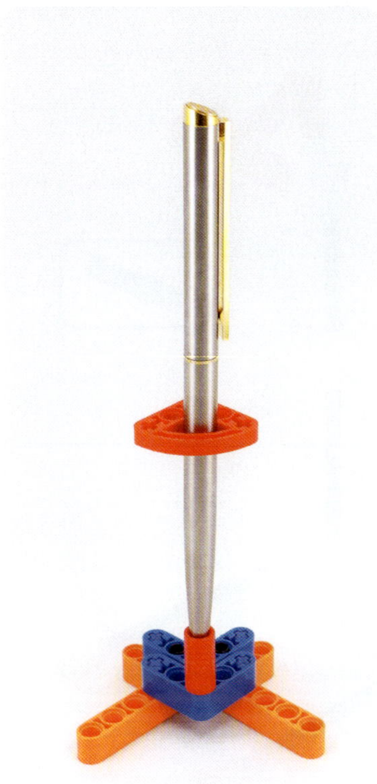

103

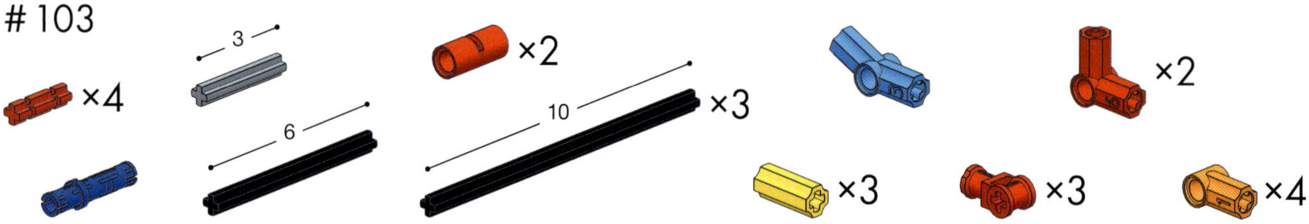

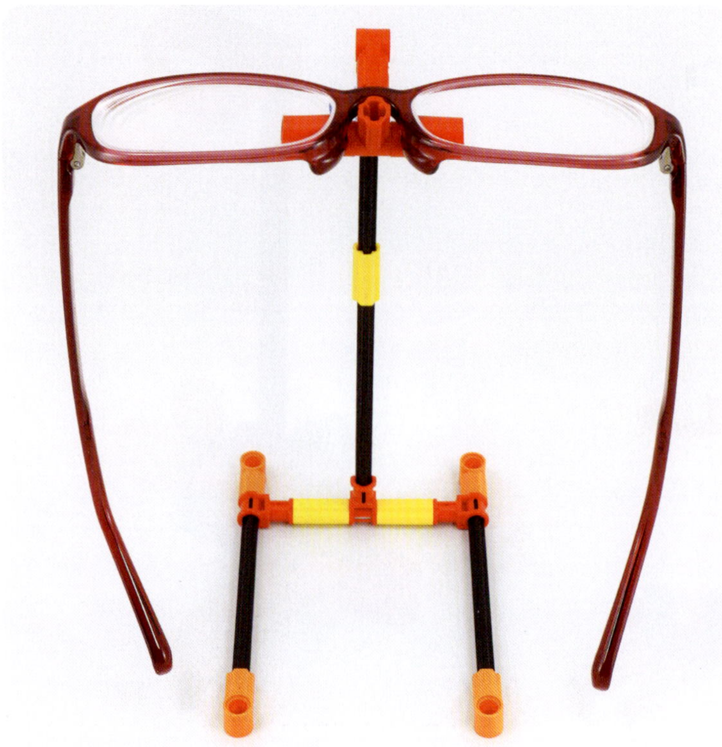

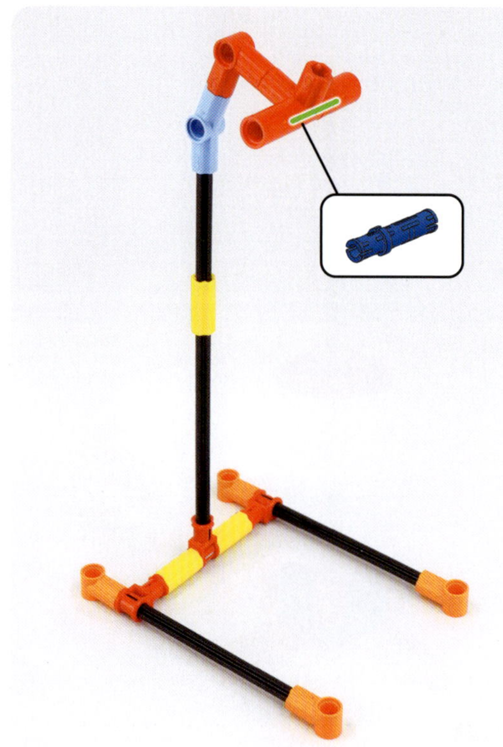

104

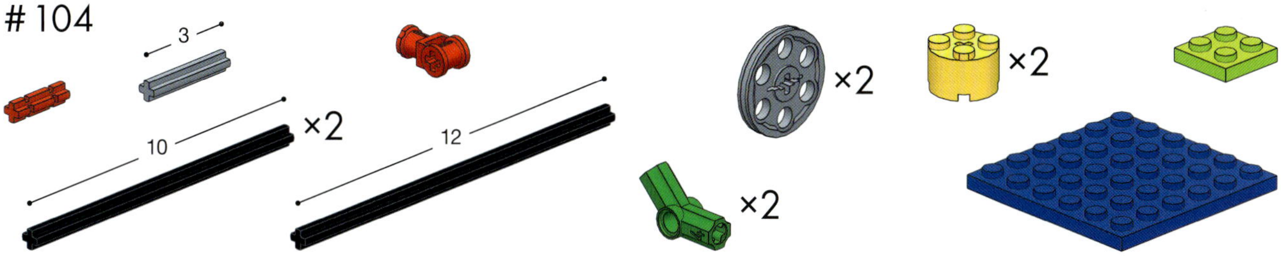

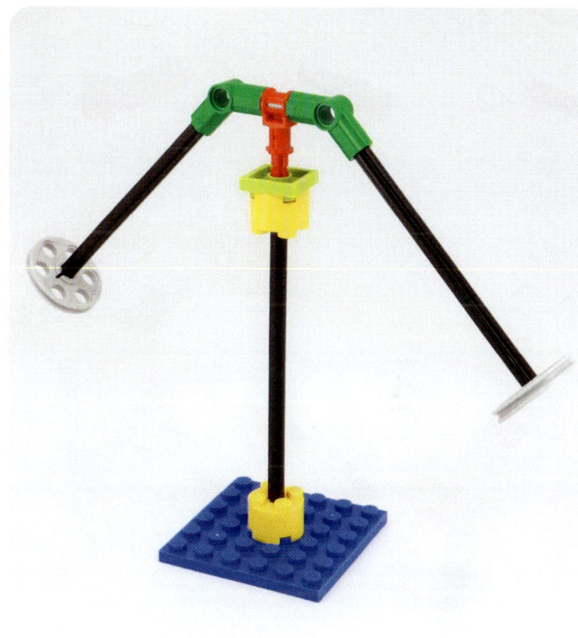

105

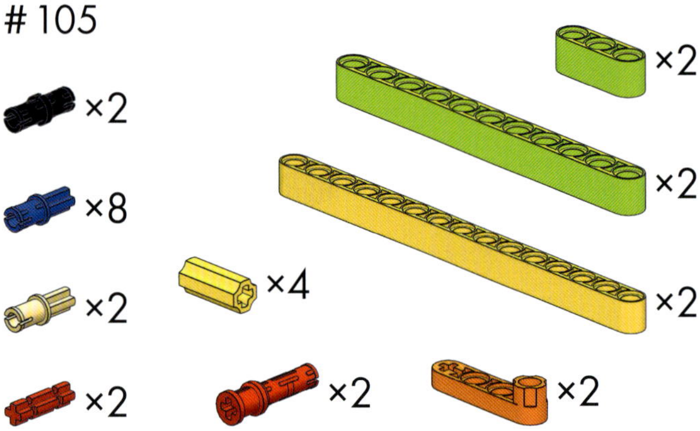

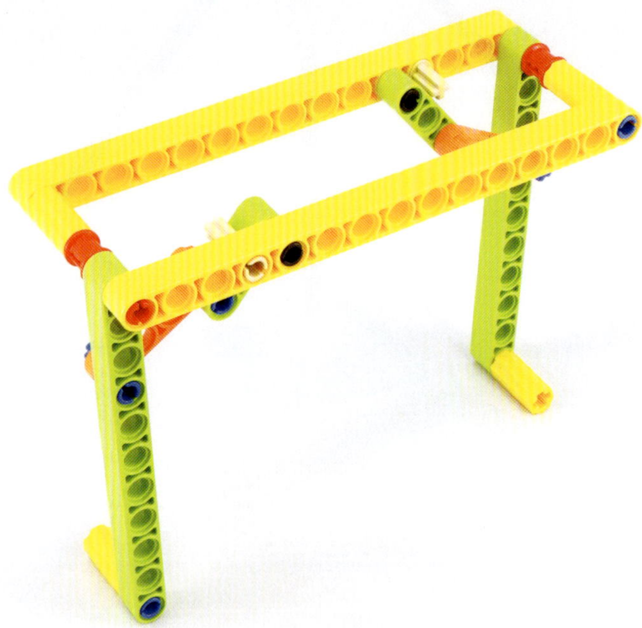

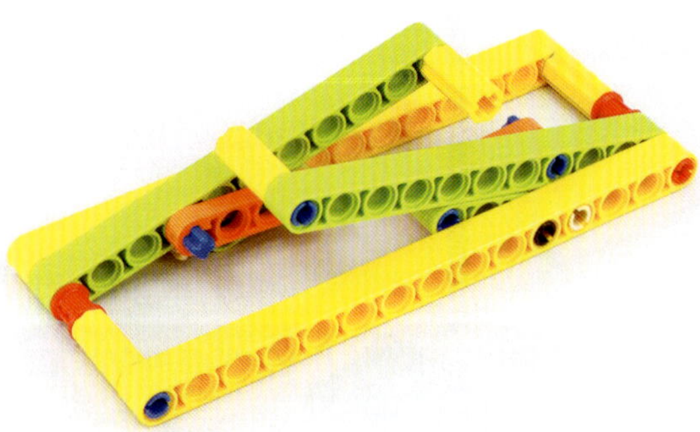

106

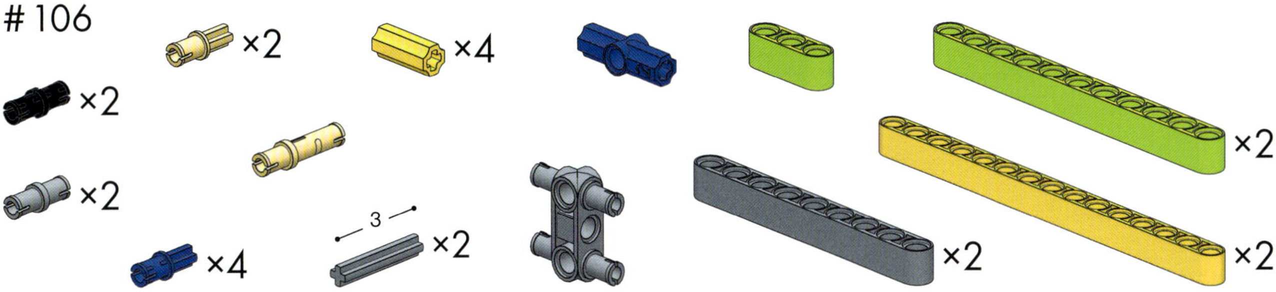

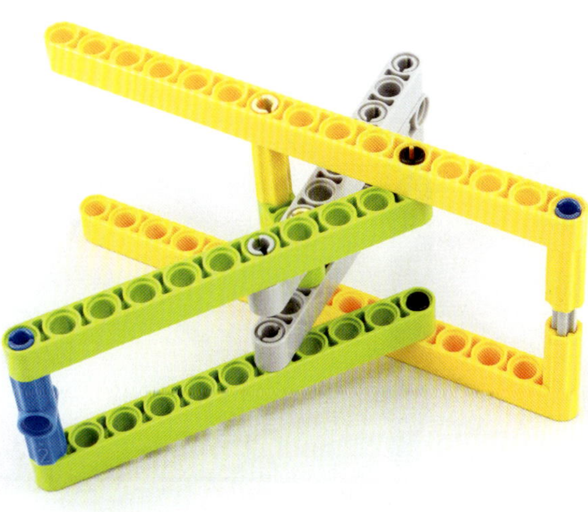

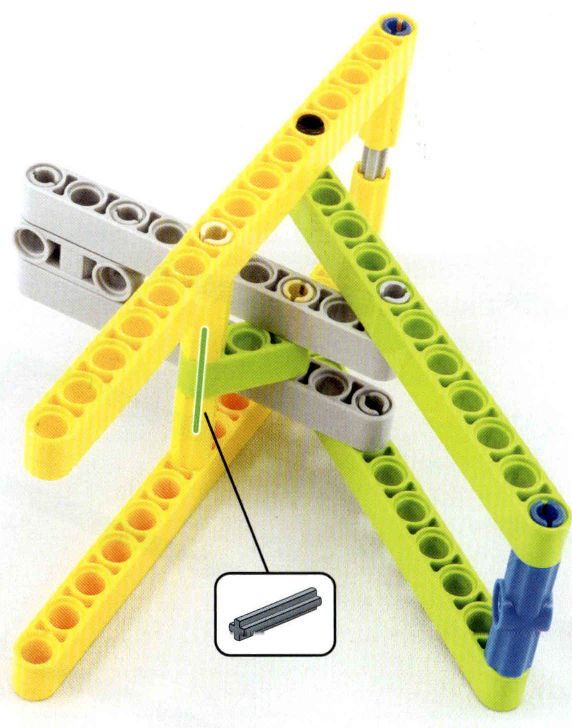

Teileliste

Teilenummer

Egal, welches einzelne Modell aus dem Buch du baust, du brauchst höchstens diese Anzahl von Teilen.

- #4265c ×13
- #3713 ×6
- #2780 ×20
- #3673 ×14
- #43093 ×12
- #3749 ×4
- #6558 ×7
- #32556 ×5
- #11214 ×2
- #18651 ×2
- #32002 ×2
- #4274 ×12
- #6628 ×3
- #2736 ×3

- #32062 ×10
- 3 — #4519 ×7
- #6587 ×4
- 4 — #3705 ×5
- 4 — #87083 ×3
- 5 — #32073 ×5
- 6 — #3706 ×8
- 7 — #44294 ×4
- 8 — #3707 ×6
- 9 — #60485 ×3
- 10 — #3737 ×3
- 12 — #3708 ×7

- #10928 ×3
- #6589 ×3
- #32270 ×5
- #94925 ×2
- #32198 ×2
- #32269 ×4
- #87407 ×1
- #731c05 ×1
- #99012 ×2

- #3648 ×2
- #32498 ×1
- #3649 ×3
- #99009c01 ×1
- #3743 ×5
- #4716 or #32905 ×1

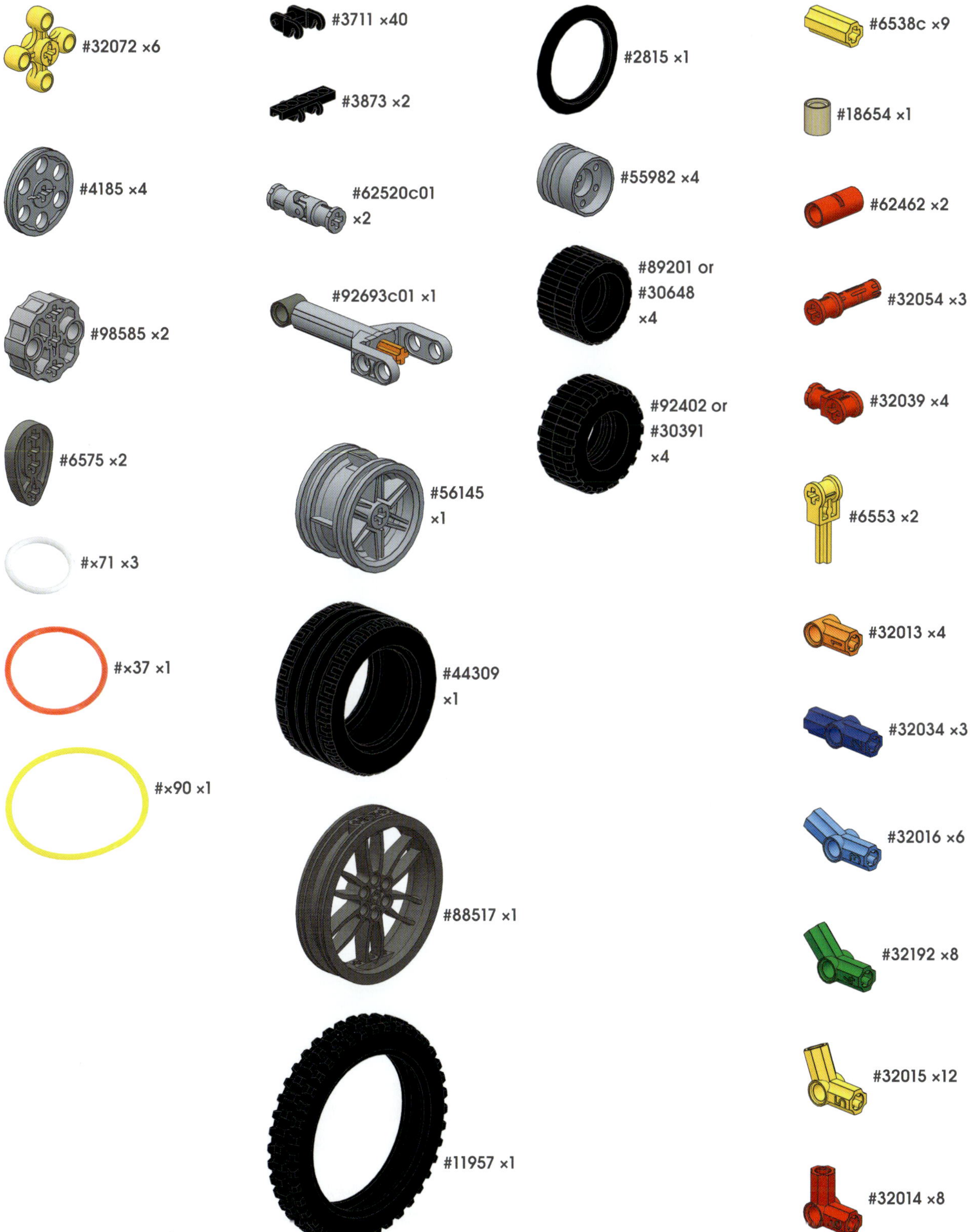
#32072 ×6
#4185 ×4
#98585 ×2
#6575 ×2
#×71 ×3
#×37 ×1
#×90 ×1
#3711 ×40
#3873 ×2
#62520c01 ×2
#92693c01 ×1
#56145 ×1
#44309 ×1
#88517 ×1
#11957 ×1
#2815 ×1
#55982 ×4
#89201 or #30648 ×4
#92402 or #30391 ×4
#6538c ×9
#18654 ×1
#62462 ×2
#32054 ×3
#32039 ×4
#6553 ×2
#32013 ×4
#32034 ×3
#32016 ×6
#32192 ×8
#32015 ×12
#32014 ×8

#6536 ×4

#42003 ×4

#32184 ×6

#32291 ×9

#41678 ×2

#63869 ×2

#32557 ×2

#×346 ×2

#2825 ×2

#33299 ×2

#15100 ×4

#22961 ×3

#10197 ×2

#57585 ×8

#32138 ×2

#48989 ×2

#55615 ×1

#41677 ×6

#6632 ×4

#32449 ×4

#11478 ×4

#99773 ×4

#32249 ×4

#32250 ×4

#32056 ×12

#64782 ×2

#60483 ×4

#43857 ×1

#32523 ×2

#32316 ×8

#32524 ×10

#40490 ×6

#32525 ×4

#41239 ×2

#32278 ×3

#60484 ×2

#32140 ×7

#32526 ×4

#32348 ×4

#6629 ×2

#32271 ×2

#32009 ×2

#3700 ×2

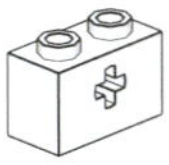
#32064 ×2

#3701 ×2

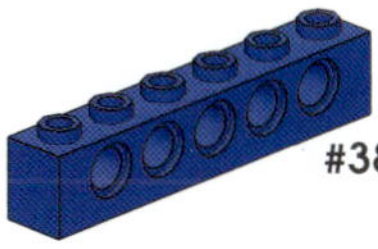
#3894 ×1

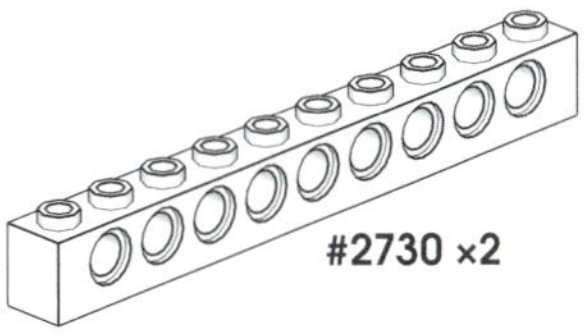
#2730 ×2

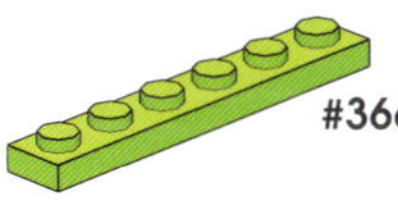
#3666 ×3

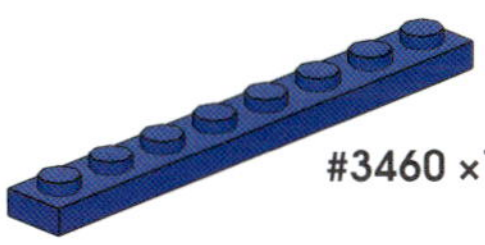
#3460 ×1

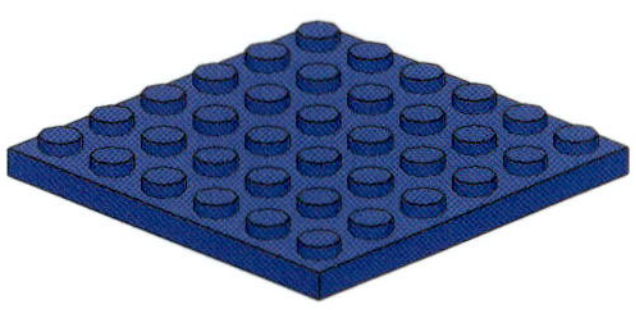
#3958 ×1

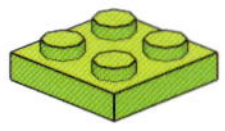
#3022 ×1

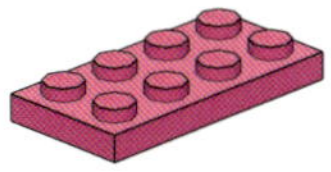
#3020 ×1

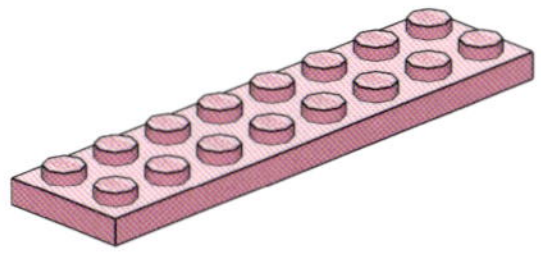
#3034 ×2

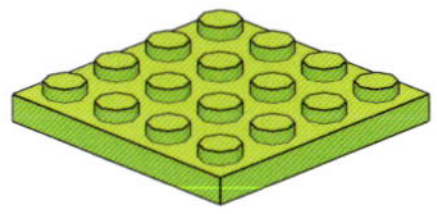
#3031 ×2

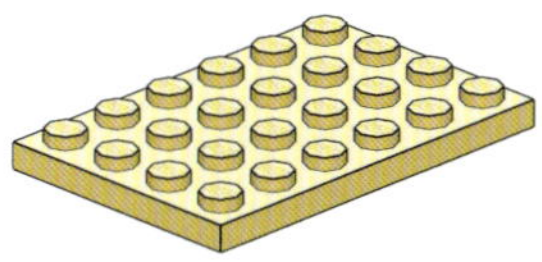
#3032 ×2

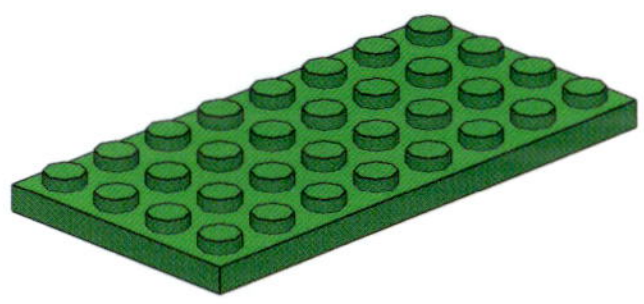
#3035 ×2

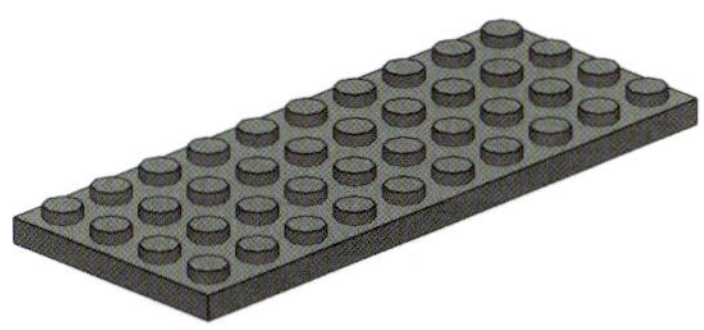
#3030 ×1

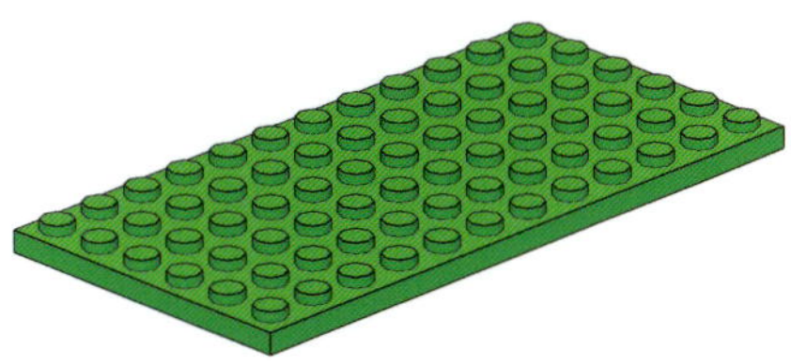
#3028 ×2

#2431 ×1

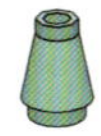
#4589b ×1

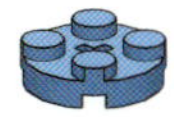
#4032 ×1

#14769 or #4150 ×1

#2654 ×1

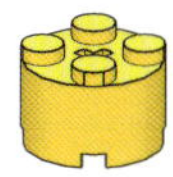
#3941 ×3

#3942c ×1

#3040 ×1

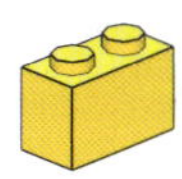
#3004 ×1

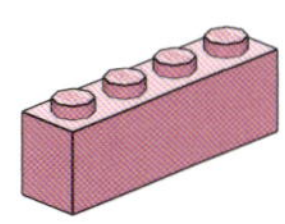
#3010 ×4